教育部人文社会科学研究规划基金项目成果（项目批准号11YJA 710062）

XIANDAI
ZHIYE WENHUA JIANLUN

现代职业文化简论

杨 柳 沈 楚 著

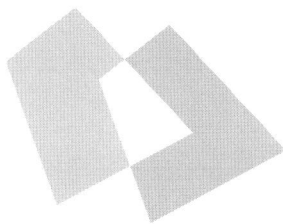

ZHEJIANG UNIVERSITY PRESS
浙江大学出版社

图书在版编目（CIP）数据

现代职业文化简论 / 杨柳，沈楚著. —杭州：浙
江大学出版社，2014.12
ISBN 978-7-308-14214-4

Ⅰ. ①现… Ⅱ. ①杨… ②沈… Ⅲ. ①职业－文化－
研究 Ⅳ. ①B822.9

中国版本图书馆 CIP 数据核字（2014）第 297734 号

现代职业文化简论

杨 柳 沈 楚 著

责任编辑	葛 娟
封面设计	石 几
出版发行	浙江大学出版社
	（杭州市天目山路 148 号　邮政编码 310007）
	（网址：http://www.zjupress.com）
排　　版	杭州中大图文设计有限公司
印　　刷	杭州日报报业集团盛元印务有限公司
开　　本	710mm×1000mm　1/16
印　　张	17.25
字　　数	225 千
版 印 次	2014 年 12 月第 1 版　2014 年 12 月第 1 次印刷
书　　号	ISBN 978-7-308-14214-4
定　　价	48.00 元

目　录

导　论

一、职业文化释义

（一）文化

　　要研究职业文化，自然要从"文化"入手。"文化"是当代社会使用频率极高的一个词语，但使用者所赋予它的内涵却千差万别。虽然在日常生活中对其内涵的把握可以不作规范、统一的要求，但在深入研究"文化"的子系统时，正本清源还是必要的。

　　在中国，"文化"一词最初是分而言之的。"文"本义指各色交错的纹理，一引申为包括语言文字在内的各种象征性符号，进而具体化为文物典籍、礼乐制度；也引申为彩画装饰、修饰、人为加工和经纬天地之义。"化"有改易、生成、造化、变化和化育的意思。"文"与"化"并联使用，最早可以上溯到《易·象传》之释贲卦："小利有攸往，天文也；文明以止，人文也；观乎天文，以察时变，观乎人文，以化成天下。"又说："天文在下，地文在上，天地二文，相饰成《贲》者也。犹人君以刚柔仁义之道饰成其德也。"以上文字就字面意来看，文化是人文化成，其间人处在中心地位。进而是天文、地文、文明，成为中国原初文化认知的三个重要范畴，以上下两体刚柔相交为文化的流变之道，以天文和地文刚柔交错为"文明以止"的人类文化形态的形成。可见，"文化"的概念在它最初的萌生阶段，已经包含了精神、物质和制度文明的不同层面的阐释。

在这里，"人文"与"化成天下"紧密联系，"以文教化"的思想已十分明确。汉代刘向《说苑·指武》把"文"与"化"合为一词："凡武之兴，为不服也；文化不改，然后加诛。"意思是说，用武力征服那些不臣服的，并用文明来教化他们，如果再不改正，就加以诛灭。晋朝束晢《补之诗》说："文化内辑，武功外悠。"也是把"用武力征服"和"用文化教化"二者并举。所以，中国传统意义上"文化"，就是指"以文化之"，以文明教化之，是相对于武力与法律而言的精神层面的改变人、润泽人的途径与方法。

追溯文化的源头，我们还不能不说到西方。我们的文化就相当于英语的 culture 和德语的 kulture，而英语和德语的文化则来自于拉丁语的 cultura。拉丁语的 cultura 原义有神明崇拜、土地耕作、动植物培养及精神修养等含义。18 世纪以后，在西方的语言中，culture 逐渐演化为个人素养、整个社会的知识、思想方面的素养、艺术、学术作品的汇集，以及引申为指一定时代、一定地区的全部社会生活内容等等。这样，西方的文化概念，其初始意义大体上包含了对自然（耕种）和人自身（培养）的改造这两个方面的意义。它们都具有改变和摆脱自然（外在的自然和内在的自然）状态的意思。随着文化及其学说的发展，"文化"概念的外延变得越来越丰富、广泛。

随着人类文化活动的不断丰富，人们的文化思考也日渐深化。人们已经不满足于在实践层面的文化创造，而是在理性层面对文化"是什么"的问题更为关注，而最直接的做法就是给"文化"下定义。

17 世纪，德国法学家 S. 普芬多夫（1632—1694）首先独立使用

"文化"概念。在 18 世纪后期为欧洲思想界广泛接受的"文化",主要被理解为对身体、心灵和精神的培育。而真正从文化学的学术意义上提出文化概念的,是英国文化人类学家泰勒。他在 1871 年出版的《原始文化》中给出了一个经典定义:"文化或文明,是作为一个社会的成员所获得的知识、信仰、艺术、法律、道德、习俗及其他能力与习惯的综合体。"以后,文化学说的地位不断提高,研究者云集,但歧义众多,莫衷一是。

据美国文化学家克罗伯和克拉克洪 1952 年出版的《文化:概念和定义的批评考察》中统计,世界各地学者对文化的定义有 160 多种,在此基础上提出了他们的文化定义:"文化是由外显的和内隐的行为模式构成;这种行为模式是通过象征符号而获得和传递;文化代表了人类群体的显著成就,包括他们在人造器物中的体现;文化的核心部分是传统(历史上形成和选择的)观念,特别是其所代表的价值观念,是文化的核心;文化系统一方面可以看作是活动的产物,另一方面又是进一步行动的制约因素。"①

中国文化学的研究成果和学者对于文化的定义,则更能让我们所接受。"广义的文化指人类在社会实践中所获得的物质、精神的生产能力和创造的物质、精神财富的总和;狭义的文化指精神生产能力和精神产品,包括一切社会意识形式。"②"从广义来说,文化是指人类在社会历史实践过程中所创造的物质财富和精神财富的总和。从狭义来说,文化是一定物质资料生产方式基础的精神财富的总和。"③宪邦给文化这样下定义:"文化是一个社会历史范畴,是指人类创造社会历史的发展水平、程度和质量的状态。文化的主体是社会的人,客体是整个客观世界。所谓文化不是受人的影响而自然形成的自然物,而是人在社会实践过程中认识、掌握和改造客观世

003

① 马尔库赛:《爱欲与文明》,上海译文出版社 1987 年版,第 18 页。
② 《辞海》(第 6 版),上海辞书出版社 2009 年版,第 1975 页。
③ 李剑华、范定九编:《社会学简明辞典》,甘肃人民出版社 1984 年版。

界的一切物质活动和精神活动及其创造和保存的一切物质精神财富和社会制度的发展水平、程度和质量的总和整体,它是一个有机的系统。"①张岱年说:"所谓文化包含哲学、宗教、科学、技术、文学、艺术以及社会心理、民间风俗,等等。在这中间,又可析为三个层次:社会心理、民间风俗属于最低层次;哲学、宗教属于最高层次;科学艺术、文学艺术属于中间层次。"②刘守华则说,所谓文化就是"人类为求生存发展,结成一定社会关系,进行种种有社会意义的创造活动。这些活动方式、活动过程及其成果的整合。"③李德顺认为,"说到底,文化就是'人化'和'化人'。'人化'是按人的方式改变、改造世界,使任何事物都带上人文的性质;'化人'是反过来,再用这些改造世界的成果来培养人、装备人、提高人,使人的发展更全面、更自由",文化这个词,"无非是用一个整体性的抽象概念,给人类生存发展的这种根本方式、基本过程、基本状态和总体成果本身,作出了一个概括性的描述"。④

从古今中外研究者给出的文化定义,我们不难发现文化具有以下特性。

1. 文化是一种社会生活模式

无论作为整体还是社会生活的方方面面,人的每一言每一行都成为"这一"文化无可置疑的组成部分。1982 年在墨西哥城举行的第二届世界文化政策大会上,联合国教科文组织成员国给文化下了这样一个定义:"文化在今天应被视为一个社会和社会集团的精神和物质、知识和情感的所有与众不同显著特色的集合总体,除了艺术和文学,它还包括生活方式、人权、价值体系、传统以及信仰。"⑤

---

① 《对中国传统文化的再评价》,见《传统文化与现代化》,中国人民大学出版社 1987 年版,第 5 页。

② 《文化体用简析》,见《文化与哲学》,教育科学出版社 1988 年版,第 81—82 页。

③ 刘守华主编:《文化学通论》,高等教育出版社 1992 年版,第 6 页。

④ 李德顺:《什么是文化》,光明日报 2012 年 3 月 27 日。

⑤ 转引夏弗:《文化:未来的灯塔》,Twickenham:Adamantine Press,1998.

2.文化是意义的生产和再生产

文化就是错综复杂的意义和意识的社会生产和再生产,是社会意义和意识的生产、消费和流通的过程。从文化的西方语境上看,它的最初意义是农业。"文化"作为培育,它的最初对象是土地、作物、耕耘。进而培育的对象从植物扩展到微生物和动物。既然是培育,那就很自然是择优汰劣、去芜存菁的过程,最终培育出期望中的优良品种。将这一宗旨用于人文,引申出心灵的培育,铸造符合"自然"之道的天性,以成就完美人格,便成为文化当仁不让的历史使命。

3.文化不仅是结果,同样更是过程

文化包含哲学、宗教、科学、技术、文学、艺术以及社会心理、民间风俗等等,虽然这些文化样式是经过一代代人的创造所形成的,但是在一个文化横断面上,我们看到的是前人文化创造的成果,是一个个具体的成果性的展示。

但我们更应该看到,既然文化的本质是人的精神意识和情感之间的联系,那么,人的思维的活跃性和精神活动的不间断特征就决定着任何文化都是动态的文化,任何文化形态都是活的有机体,亦即任何文化形态都是处在不断的发展和变化之中。即便我们今天谈古代希腊文化,其实我们要谈的并非是固定不变的一个僵死概念和没有生命的知识范畴,对这一历史时期的文化考察,本质上是通过各种历史遗迹和历史资料乃至各种历史现象,来把握当时人的精神意识和情感联系的运动过程,来揭示当时社会历史条件下各种政治的、经济的、生活方式和行为规范中所包含和体现的人类的思维特征和认识能力所达到的程度——本质上是对当时人类思维、认识和活动发展所达到的程度的自觉把握。卡西尔在他的《人论》中曾经提出过人只有在创造文化的活动中,才能成为真正意义上的人,也只有在文化活动中,人才能获得真正的自由的思想,就是从这个意义上而谈的。

4. 文化不仅是社会生活的产物，更是社会生活何去何从的一个决定性因素

"文化若是无所不包，就什么也说明不了。因此，我们是从纯主观的角度界定文化的定义，指一个社会中的价值观、态度、信念、取向以及人们普遍持有的见解。"[①]文化是由生活的自觉而来的生活自身及生活方式这方面的价值的充实与提高，文化的内容包括宗教、道德、文学、艺术等。而文明是人们改进生活环境的结果，其内容主要是科学技术。因而文明是科学系统，文化是价值系统。科学系统主要是在知识方面，告诉人这是什么，那是什么。价值系统主要是在道德方面，告诉人的行为应当如何，不应当如何。

(二)职业

从字源学上说，"职"具有"记"与"常"的含义，指"分内应执掌之事"。我国现存最早的一部科学技术典籍《考工记》开篇曰："国有六职，百工与居一焉。或坐而论道，或作而行之，或审曲面执，以饬五材，以辨民器，或通四方之珍异以资之，或饬力以长地财，或治丝麻以成之。坐而论道，谓之王公。作而行之，谓之士大夫。审曲面执，以饬五材，以辨民器，谓之百工。通四方之珍异以资之，谓之商旅。饬力以长地财，谓之农夫。治丝麻以成之，谓之妇功。"[②]社会成员依据自己所执掌的分内之事，被归入到不同的文化身份阶层，如农、工、商、女工和闲民等之中。"职"与"业"合在一起使用，最早见于《国语》："武王克商，通道九夷白蛮，使各以其方贿来贡，使无忘职业。"[③]

职业作为一种社会现象，是与社会分工和生产内部的劳动分工

---

① 亨廷顿·哈里森：《文化的重要作用：价值如何影响人类进步》，新华出版社2002年版，第3页。

② 阮元编：《十三经注疏》（影印本），中华书局1980年版。

③ 《国语·鲁语》（下）。

相联系的。到了原始社会后期,随着社会生产力水平的提高,畜牧业、手工业与农业分离。于是就有了农民、牧民、工匠、商人等从事专门工作的群体,最初的职业也由此产生。可见,自社会出现分工以后,人们一经进入社会生活,便分别终身地或较长时期地从事某一种具有专门业务和特定职责的社会活动,并在这期间以此作为自己获得生活资料的主要来源。关于职业,不同学者给出不同的定义。美国学者迈克尔·曼认为,职业乃是作为具有自我利益的职业群体在分工中力图保护和维持其垄断领域而予以运用的工具。①美国学者阿瑟·萨尔兹将职业定义为:人们为了获取经常性的收入而连续从事的活动。日本劳动问题专家保谷六郎认为:职业是有劳动能力的人为了生活所得而发挥个人能力,向社会做贡献而连续从事的活动。② 在文明社会中,职业是重要的分工制度之一,是人们在社会劳动分工中所从事的具有专门职能的工作,以此获得谋生的主要收入来源和相应的社会地位。有研究者总结了职业的三个构成要素:第一,职业是个人从事的有报酬的工作,即通过此项工作可以获得经济报酬,不管人们是为雇主工作,还是为自己工作。第二,职业是个人能够足够稳定地从事的工作,是一种相对稳定的,非中断性的劳动。第三,职业是个人一种模式化的人群关系以及相应的行为规范。③

随着生产力的发展和社会分工的变化,职业一直处于不断演变之中,且呈现出以下特点:职业种类不断增加;职业种类更新加快;职业种类由简单到精细;职业的内容不断弃旧更新。

职业与其他形式的社会活动相比,具有以下本质属性:

(1)社会性。首先,体现在职业是社会分工的产物,不同的职业承担着不同的社会责任,任何一种职业都不能独立存在,而是整个

---

① 杨河清:《职业生涯规划》,中国劳动社会保障出版社 2005 年版,第 36 页。
② 徐笑君:《职业生涯规划与管理》,四川人民出版社 2008 年版,第 23 页。
③ 黄尧:《职业教育学——原理与应用》,高等教育出版社 2009 年版,第 44 页。

社会生产、生活体系中的一个环节。其次，职业使个人处于社会劳动体系中，获得社会化，使个人获得并承担社会关系网络中的一定角色。每个职业的从业人员都是在一定的社会环境中，从事与其他社会成员相互关联、相互服务的社会活动。再次，体现在每一种职业都必须具有一定规模的从业人员。

（2）专门性。首先，体现在每一种职业都有一定的知识和技能要求。在从事某种职业之前，从业人员必须经过一定时间的专业知识学习和职业技能培训。其次，体现在每一种职业都有相应的职业道德准则和行为规范，要求人们必须遵守。再次，体现在每一种职业都有自己特定的工作内容、工作方式和工作场所等。比如纺织劳动和服装制作、商品批发和商品零售、保险代理和保险经纪等，各有各的工作范围、要求和模式。

（3）经济性。它是指劳动者在承担职业岗位并完成工作任务的过程中，要从中获得经济收入。这种回报的意义首先在于它是维持个人生存的主要物质来源，职业是个人生存的主要手段；其次表明这种职业劳动被社会认可的程度，从而激励人们为社会提供更多更优质的职业劳动。

（4）稳定性。它是指某个职业的产生并不是基于社会某种临时性的需要，而是在一个相对长的时期内，经过社会分工的不断细化后，某种需要被相对固定下来，从而吸引劳动者持续不断地从事这种劳动。简单地说，就是职业都有较长的生命周期。职业的稳定性使人们学习并掌握职业知识和技能成为可能，也使人们的职业生涯规划变得可能。

人们借助某种职业不仅满足了自身的需要，而且通过劳动成果的交换也满足了他人的需要。因此，职业无论对于个人还是社会都发挥着重要的作用。职业活动对个人而言有三种基本功用。

（1）职业活动是获得生活来源的主要途径。在现阶段，对大多数人而言，我们要想获取物质来源与经济报酬，就必须从事一定的职业。我们在职业活动中追求合理的报酬,让自己过上富足的生活,这是具有现实意义的事情。

(2)职业活动是扮演社会角色、履行社会职责的主要形式。职业活动从本质上说是一种服务社会的活动。在工作中,人们总是以一定的职业身份与社会组织、部门和个人打交道,并在此过程中履行一定的社会责任。可以说,职业活动不仅仅是一种个人的行为,更是社会正常运转乃至健康发展的有机环节,离开了每个人的职业劳动,社会就无法运行,人类发展也就无从谈起。

(3)职业活动是实现人生价值的主要手段。人的一生可以称之为"职业的一生",所以人生价值主要通过职业活动得以实现。职业为我们提供了充分发展自我、展示自我、实现自我的机会。如果脱离职业空谈什么个人价值,就会陷入不切实际的空想,因为这种所谓的"价值"没有了职业的依托很难实现。从另一个角度说,一个人如果不能通过职业活动为他人、为社会创造价值,就不会被社会认同;反之,一个人如果能不断地为他人、为社会创造价值,那么他被社会认同的程度会越来越高,其人生价值也会因此得到最大限度的实现。

(三)职业文化

职业文化是社会文化的有机组成部分,是职业人为更好地履行职业责任和提升职业生活品质,在长期的职业岗位实践中创造出来的以价值观和制度规范为核心的文化样式。

职业文化可以从广义和狭义两方面来看:广义的职业文化是指在多种现代性职业中形成的具普适意义的职业文化,是涵盖现代社会众多职业、为广大职业人普遍遵循的价值观念和行为规范。这种涵盖大部分现代性职业的文化的形成至少基于这样三点:一是现代性的职业有共同的经济制度、政治制度与社会文化基础;二是现代职业有别于传统行业的高度一致性;三是全球化使现代制度跨越政治与国度边界。目前以农业、小手工业经济为基础的传统职业文化向以工商业经济、知识经济与法制、科层制为规则的现代职业文化的转换在中国还没有最后完成。强调这种普适现代职业的一致性，就使得职业文化能够成为一门普适于各个专业亦即各种现代性职业的内容。因而，广义的职业文化指以现代社会的职业结构及各现代性职业为基础的普通职业文化，它具有普适的意义。狭义的职业文化是指独特或相近职业的职业人应遵循的价值观念和行为规范。工人、农民、医生、商人、军人、教师、律师、工程师、科学家、记者、艺术家等等，每一个职业都有自己特定的工作内容和工作职责，由此而深化形成的价值观念和制度规范也会形成各自的特点。职业活动的不同环境、内容和方式以及同业内部的相互影响，也会强烈影响着人们的情趣、爱好以及性格和作风。这些方面，虽然并不都是道德问题，但其中都包含着一定的道德涵养和道德情操，都从一个侧面反映着从事一定职业的人，在道德品质和道德境界上的特殊性。比如，对医生职业要求的最核心价值观念就是对人的生命的珍视和尊重。只有在这个最高理念的支配下，提高医疗技术、改进服务态度才能成为医务工作者的自觉追求。围绕于此建立的职业文化，从表层看是技术、服务、规范，但深层无疑是以人为本，是人的生命至高无上。从不同的职业出发，营造带有个性色彩的职业文化，对"职业人"的提升意义明显，同时也是对文化本身的丰富。

思考职业文化，有几个方面需要值得关注：

首先，职业文化是职业人创造的。职业人在自己的职业岗位上既创造物质财富，也创造精神财富；既创造有形的财富，也创造无形的财富。这些财富中，自然就包含着文化。职业文化并不是外部赋予的，虽然有外力的推动和提升，但从根本上来说，职业文化是职业人自觉和不自觉创造的。

其次，职业文化是为职业人服务的。任何一种文化都是人创造的，同时又服务于人。职业文化最重要的服务功能就是要为职业人的工作赋予意义和价值,使职业人通过职业岗位丰富自身的精神世界和人生追求,在精神升华的基础上激励职业人的工作热情和自觉性。

再次,职业文化的建设与服务同步互动。职业文化的建设与服务并非割裂,而是一个过程的两个方面——在建设中服务、在服务中发展。一方面,职业文化是职业人在工作环境中不断创造的,而创造的过程本身又是一个自我教育、自我服务的过程;在自我教育、自我服务的过程中,职业人又会赋予职业文化新的内涵和要求,并开始新的创造和建设。正是在这个过程中,职业文化的价值不断被挖掘、被丰富,也不断走向成熟。

二、现代职业文化研究的背景和意义

(一)现代职业文化研究的现实背景

在人们对文化已经高度重视的今天,职业文化这个重要的课题却没有引起足够的关注,自然也就难以在文化建设中积极实践并形成较高水平的研究成果,甚至在许多问题上还没有形成共识。究其原因,一是其研究范畴似乎并不清晰,因为"职业"的覆盖面太广,其文化的对应性容易模糊。二是其他学科的研究对职业文化的有关问题有所涉猎,从一定意义上"瓜分"了它的"领地"。三是已有的一些研究成果缺乏引人关注的独特性和创新性,因而也就难以"另立门户"。一句话,在职业选择几乎渗透到每个人的生活领域、人的发展必然要通过职业发展来体现和实现的现代社会,职业文化还没有引起应有的重视,这既是一种文化的缺失,也是一种教育的缺失。

虽然,职业文化并非一个全新的概念,但无论从理论到实践,它作为一个独立的文化分支并没有完全被认可,因此,一些基本概念和范畴都还没有形成共识。为此,我们需要厘清几个问题。

1. 职业文化与职业道德

一直以来,在我们的社会道德体系中,职业道德是其中重要的组成部分。职业道德把忠于职守、爱岗敬业、诚实守信、公平公正等要求作为职业人的行为规范和准则。职业道德是从道德规范要求出发,对职业人的道德行为的一种规定。在此,职业人是以一个"道德人"的身份"被"要求的。而职业文化是从培育现代职业人的要求出发,用现代职业人的标准和尺度去塑造劳动者,使其全面素质得到提升。虽然,正确的职业意识和良好的职业道德是其中的重要内容,但职业文化的内涵显然要丰富得多。具体说,一是职业文化要培育职业人现代职业精神和成熟的职业心态,有职业责任感,能较好地把工作热情和务实作风相结合,勇于开拓进取,乐观、向上、自信。二是职业文化要培育职业人适应岗位的现代职业能力,包括对工作环境、人际关系以及对工作本身的适应能力,终生学习的习惯等。三是职业文化要培育职业人的现代职业素质,熟练使用现代职业工具,能够进行自我开发。由此可见,职业文化就是要创造一种"职业人"特有的"生活样式",作为主体的"职业人"既是创造者,又是获益者。这个创造过程,就是"职业人"自身素质不断提高、自我发展能力不断增强的过程。

2. 职业文化与企业文化

企业文化是社会文化中一个非常具有典型性的文化类别,从对企业文化的分析中不难总结出一些规律性,也可适应其他的亚文化。企业文化是企业的灵魂和精神支柱,它包括了企业的精神、宗旨、核心价值观、经营理念、最高目标、行为规范、形象标志、产品品牌等基本内涵。企业的核心价值观就是要让员工认同企业的共同愿景和使命,将个人目标与组织目标结合在一起,主动承担责任并进行自主管理。职业文化虽然与企业文化有相同的一面,即通过高素质职业人的培育为企业发展提供人才支持。但同时我们要看到职业文化更丰富的一面,那就是职业文化建设中,人本身也是目的。职业文化就是要为人自身的发展创造条件和环境。人本主义基础上的职业人格就是借助职业活动来驾驭自己的人生方向,提升自己的生命质量,实现自我价值,实现人的全面自由的发展。职业文化建设的目的就是要突出一点,任何一个社会成员不管在什么行业,从事何种工作,既是社会责任的承担者,同时也是自身发展的责任人;任何一个社会组织既承担着管理、组织、调动社会成员推动社会文明与进步的责任,同时也承担着服务每一个社会成员自身全面发展的责任。

    3. 职业文化与职业教育

职业教育不等于职业文化,但职业教育与职业文化紧密相关。职业教育无疑是一种特殊的教育类型,它要通过职业学校的教育,培养学生某一方面的技能与素质,为今后的职业发展奠定基础,这也是职业教育区别于其他教育的优势所在。但应该看到,任何一种教育其根本宗旨是"育人"而非"制器"。因此我们要改变很长时间以来对职业教育的误读——职业教育应培养符合社会经济需要的纯"经济人"、"工具人"。职业教育培养目标的逻辑起点就要从"经济人"、"工具人"向"社会人"转化,以便培养出全面发展的、自信、自主、自尊、自立、自强和自律的"社会人"。办学校就是办文化,办职业学校就不能不重视职业文化的渗透。职业教育要培养全面发展的"社会人",就要把职业文化融入职业教育的全过程。要更加重视学生职业价值观教育,正确认识本职业的社会价值,尊重职业。更加重视促进学生身心、智力、情感、审美、责任感等方面全面发展。专业思想端正而稳定、从业态度积极、工作目标明确并有一定抱负的人,才会不知疲倦、锲而不舍地克服困难、实现目标,并永不满足地提高自己的素质。

虽然这些范畴在实际工作中你中有我、我中有你,但其目标指向、工作重点、实施路径等各有其不同。把握其规律性,并有针对性推进实践和研究是非常必要的。

(二)现代职业文化研究的重要意义

说到底,文化就是"人化"和"化人",因此,研究职业文化,或者说让文化覆盖于职业领域,体现文化的职业性,最重要的一点,就是承担起培养"职业人"的任务。

所谓职业人,就是有职业的人,是作为职业的主体因素和基本单位而存在的人,可分为粮农、牧人、渔民、裁缝、车工、会计、商人、司机、教师、医生、律师、演员、警察,等等。他们不同于一般人,有特定的规范、需要和存在形式。职业人是由一般人或非职业人转变而来的,是经过择业就业实现的,一旦进入职业领域,就作为职业的主体和基本单位存在,具有特定的规范或规定性。同样,作为一个职业人,就有职业人的独特需要。人生的需要追求多样化、全面化,并直接反映在人的职业选择与就业的期望上,具体表现为:职业利益需要,即职业人从事职业活动要获得的利益;职业自主需要,即职业人自主从事职业活动的需要,职业人在职业变换、职业劳作方式等有自主选择的意愿和要求;职业安全需要,即职业人从事职业活动的安全需要。

职业人的需要与社会发展和个人意愿直接联系在一起,因此,职业文化承担着对职业人提升的任务。职业人自身的全面发展对社会发展将产生重要的推进作用。

对现代职业文化的研究,就是要围绕职业人的培育,对相关问题进行思考。

(1)职业文化如何促进职业人加深对职业价值的理解和体验,增强职业认同感和敬畏感,从而转化为自身职业选择和人生目标的自尊和自信。涂尔干说过,随着职业的功能逐步专业化,每个人的活动领域也会更加局限于其相应职能的界限,所以,我们决不能忽视以职业为代表的大部分生活。[1] 在现代社会,职业生活已经成为人们活动的主要领域,正是通过职业生活,人们与内心世界和外部社会沟通。任何一个职业都是在社会发展中分工而成的,必有其存在的合理性和社会价值。因而,从事任何一个职业,它与人的价值实现、个人发展都是相关的。积极向上的职业文化,将有助于人们更好地理解职业的价值、"独特性"和意义所在。通过表层的具体工作,找到积极的生活内涵,形成对生活意义的认识,从而把对职业目标的追求转化为对生活价值的追求。只有在职业意义的理解上,我们才能找到职业的尊严,找到做人的尊严,找到主体社会责任担当的自豪感与幸福感。

（2）职业文化如何促进职业人重视对积极的职业情感的培育和调动,增强工作激情和工作主动性,从而培养主体的自重和自爱。职业情感是人们对自己所从事的职业所具有的稳定的态度和体验。有强烈职业情感的人,能够从内心产生一种对自己所从事职业的需求意识和深刻理解,把它视作深化、拓宽自身阅历的途径,把它当作自己生命的载体,因而无限热爱自己的职业和岗位。如果仅把职业作为谋生的手段,就不会去重视它、热爱它,更不会从生命意义上去珍惜职业。职业文化就是要通过对职业人情感的引导,使之不断形成、并逐渐固化为一种高层次的情感,即职业敬业感。职业敬业感是源自人性深处的一种渴望,本质上是对自己生活与生命的自重自爱,只有处于这种情感支配下的个体,才能时刻保持昂扬的精神状态,才能最大限度地发挥个体潜能,使自己的职业生涯更加完善。生命也由于职业变得有力和崇高。

（3）职业文化如何促进职业人重视工作环境和外部关系的营造,增强构筑自我发展良好氛围的现代职业能力和人生责任感和使命感。人的社会属性决定了人的发展是在与外部的联系中实现的。

---

① ［法］爱弥尔·涂尔干:《职业伦理与公民道德》,渠东、付德根译,上海人民出版社2001年版,第29页。

职业人发展很重要的部分是通过职业岗位与他人、与社会、与自然世界建立起一种相互认识、相互影响的关系。职业文化就是要营造一种浓厚氛围,让生活、学习、工作在其中的人们学会正确处理人与人的关系,如善于与他人沟通,能知晓并控制自己的情绪,能够自律,善于推销自我和人际交往,懂得换位思维和赞扬他人等等,在与人的交往中感受互助、支持、关爱。学会对社会的认识,能够全面客观地对现实社会有一个评价,对社会的真善美、假恶丑有一个认识。特别通过对职业的诚信感的培育,形成人格的自律和对社会的诚信。学会对自然的认识,通过对职业岗位的工作要求,更好地加深对生态、环保认识,增强对大自然的尊重。总之,在与外部世界的交往中,职业人的社会责任感和使命感才能不断提升。

（4）职业文化如何促进职业人加深对自身的认识,重视现代素质的开发,更好激发职业理想升华和创造力拓展。职业理想是人们在实践中形成的、具有现实可能性的、对未来职业的向往和追求,既包括对将来所从事的职业方向和职业种类的向往,也包括对事业成就和价值实现的追求,是人们渴望达到的一种职业境界。职业理想的形成是一个过程,它是主体对外部世界和自身状况的不断认识过程中逐步清晰、逐步升华的。职业文化就是要通过对职业人现代素质的开发,提升他们对自身的认识水平和预期目标要求。虽然某些职业或岗位所要求的具体素质有所不同,但对从业人员基本素质的要求却是相同的,主要有思想政治素质、科学文化素质、专业技能素质、身体心理素质四要素构成。一个人常常会在自身素质的开发过程中,加深对自身的认识,不断激励自己的人生奋斗目标的提升。现代职业人最重要的一个标志就是在他人开发的同时能够进行自我开发,而自我开发应该是伴随着职业理想的不断提升而发展的。在自我开发、自我认识的过程中,人的创造力、开拓精神都会得到很好的激发。

三、现代职业文化研究的现状与方法

(一)研究现状

在西方国家,有关职业文化研究的视角颇多,研究、著述相对较成系统,成果主要集中在以下几个方面:

一是从管理学、组织学的角度研究组织与文化的关系。1964年,贝雷在权威刊物《公共行政评论》发表文章《伦理与公共服务》,开始把学界的注意力引向伦理道德在专业环境、组织文化中所起的作用。美国麻省理工学院的爱德加·沙因教授认为,文化管理是现代企业管理的最高境界。

二是从文化视角分析职业文化与教育的关系。萨德勒认为,学校的职业文化教育应与"校外的事情",即国家的文化传统紧密相连。在欧洲,占据思想中心的传统主义、自由主义和理性主义分别应对了职业的、市场的和学术导向三种职业教育与培训,是文化形态在职业教育的反映。

三是基于文化人类学观念探讨职业文化与人的关系。马克思、恩格斯就曾在详尽考察了 16 世纪中叶以后手工工场生产和机器大工业生产对人的发展和整个生活方式的影响后指出:人的发展与生产的发展是相一致的,人的发展不能撇开一定生产方式基础上所建立的整个社会生活。

在我国,对现代职业文化的研究起步晚于西方。但伴随着新型工业化社会的发展进程,对职业人文、职业伦理、职业道德、职业文化等问题的关注和研究也逐渐兴起,目前的研究状况如下。

1. 有关职业文化基本问题的研究①

20 世纪 90 年代以来，一些学者开始对中国职业文化建设进行反思和探讨，以期为推进中国传统职业文化的现代转化提供新思路。根据目前我们所掌握的资料，我国学者对于职业文化的研究主要围绕职业文化的内涵、特征与功能、我国职业文化发展现状、现代职业文化的建构等方面展开。一是对现代职业文化内涵的理解。有学者认为②，职业文化的内涵和外延应有别于现代企业组织管理的企业文化，也不同于其他社会组织文化，对其理解有狭义与广义之分。广义概念的"职业文化"指在多种现代性职业中形成的具有普适意义的职业文化。而狭义的"职业文化"则专指某一项具体职业所包含的文化如教师文化、律师文化、医生文化。有学者认为，职业文化是人们在长期职业活动中逐步形成的价值观念、思维方式、行为规范以及相应的习惯、气质礼仪与风气。其核心是对职业使命、职业荣誉感、职业心理、职业规范以及职业礼仪的自觉体认和自愿遵从。③ 二是关于现代职业文化的特征与功能研究。董显辉将职业文化的特征表述为④：稳定性和动态性的统一、个异性和群体性的统一、有形性和无形性的统一、封闭性和开放性的统一、自觉性和强制性的统一。他认为，职业文化对员工具有约束和规范功能、潜移默化的教育功能、搞好本职工作的激励功能和构建和谐人际关系的"黏合"功能。汪文首认为⑤，职业文化具有职业性、教育性、竞争性、实践性、动态性、社会性、专业性等特征。唐骏等认为职业文化至少有五种功能⑥：激发员工搞好本职工作的鼓励功能，对员工潜移默化的教育功能，抵御不良思想侵害的"免疫"功能，构建和谐

① 沈楚：《我国现代职业文化研究现状与展望》，《职教通讯》，2013(25)。
② 董显辉：《职业文化的内涵解读》，《职教通讯》，2011(15)：5—8。
③ 王文兵、王维国：《论中国现代职业文化建设》，《中共长春市委党校学报》，2004(4)：71。
④ 董显辉：《职业文化的内涵解读》，《职教通讯》，2011(15)：5—8。
⑤ 汪文首：《高校校园职业文化特征分析》，《湖南社会科学》，2010(6)：138—140。
⑥ 唐骏、唐博：《论职业文化的构建》，《企业家天地》，2009(10)：70—72。

人际关系的"黏合"功能,散射在就业和创业信息上的"激活"功能。目前学界对职业文化功能的界定有两大局限:其一,大多基于职业从业人员的视角来界定其功能,而较少思考职业文化对推进整个职业、行业健康科学发展的引领导向作用,一种职业要得到社会的尊重,就必须要有符合时代要求的职业文化的引领支撑;其二,基于社会本位的视角来探讨职业文化对人的规范作用,而忽视从人学本位的视角来探讨职业文化对职业人或准职业人实现自由全面发展的开掘作用。三是关于中国现代职业文化建设现状与问题研究。从实际情况看,当下关于职业文化的多数研究或是基于主观观察,或是自我见解的阐述,尚未跳出书斋式研究的窠臼。有学者认为,当下中国现代职业文化建设面临的主要问题是传统的职业规范和意义追求已经无法满足现代生活的需要。虽然近年来围绕职业培训、职业道德建设等开展了一些活动,但都是零敲碎打的现象,还没有建立职业文化的整体概念,没有形成职业文化的体系,无法有效地为人们的职业活动提供处世准则和意义支持,现代职业规范与意义体系尚未在理念和现实层面确立起来。四是现代职业文化的主要内容与构建思路研究。学界普遍认为,现代职业文化的构建是一个庞大的体系,职业文化建设既有硬件又有软件,既涉及政府社会层面又涉及组织个体层面。

2.关于组织文化与组织发展的关系的研究

侧重于职业文化与组织之间的关系的研究较少,现有研究主要集中在企业文化方面。如《从理念到行动——国有企事业单位企业文化培育的途径》一文认为,优秀的组织文化反映和代表了推动组织发展的整体精神和共同的价值观。

3.现代职业文化在高等教育领域的研究

多集中在与校园文化的融合与共生方面,较为缺乏现代职业文化的模式构建研究。如有学者认为,应从经济伦理、企业伦理等方面加强青年大学生的职业道德教育。另有观点主张,现代职业文化的内涵和外延应有别于现代企业组织管理的企业文化。

综观国内外关于职业文化与人的发展问题研究,主要存在以下问题:国外部分研究结果在中国文化背景下存在跨文化的风险,而国内现有研究或是从职业伦理、职业规范的角度,对职业文化的意义、内容和方法作了经济总结式的描述,缺失职业文化构建与人的发展之间关系问题的思考;或者局限于校园文化和企业文化的简单对接,未能触及职业文化的深层性问题,未能考虑人的发展的延展性问题。在国内外现有研究的基础上,本书尝试在关注职业文化与社会文化的关系、职业文化与人的发展的关系、职业文化在职业组织与高等教育领域实现有效嫁接这三个基点上,开展我国现代职业文化的本土化研究,以建立具有中国特色的现代职业文化体系。

(二)创新路径

1.基本思路

目前国内尚无现代职业文化与人的全面发展关系问题的系统研究,现代职业文化作为一种亚文化,它表征着职业群体对理性的、自觉的、创造性的职业生涯的追求,本质上是为人全面发展服务的。把现代职业文化建设与人的全面发展结合起来,突破了学术界现有的研究视野。本课题立足于马克思主义的唯物史观,通过对国内外已有"现代职业文化"研究成果的分析,运用马克思主义的人学理论,重新界定"现代职业文化"的概念,并对现代职业文化的内涵、特征进行全新解读,并从当代中国的现代职业文化建设的现实出发,探究职业文化缺失的深层原因,从现代职业文化与人的全面发展的互动关系中寻找现代职业文化建设的思路与方案,最终促进人的全面发展和社会进步。同时,课题将重点思考和探索在高校中培育职业文化和职业价值观的目标体系、核心内容、工作载体和路径选择,增强大学生的职业认同与职业素养,为我国行业企业和高校加强职业文化建设提供一个更加科学的视角,并为行政决策提供坚实的理论与实践基础。

2.研究内容

一是职业文化建设现状及在现代价值意义研究。系统分析当前我国现代职业文化建设的现状,分析现代职业文化在和谐社会建设中的地位与作用,揭示职业文化在社会发展和人的发展中的价值与意义。

二是现代职业文化的内涵、特征研究。通过阐述与职业文化相近的企业文化、行业文化、组织文化、职业伦理等概念与内涵,在比较的基础上,重点界定"现代职业文化"的概念与特征,建立从人的全面发展的视角研究现代职业文化的分析框架。

三是现代职业文化与人的全面发展的关系研究。通过阐述职业文化与人的存在、人的全面发展及人生幸福、人生意义等方面的内在关联,探讨职业文化是如何促进人的全面发展的内在机理;并从马克思主义人学的视角探讨构建现代职业文化的核心理念、主要内容。

四是高校职业文化建设模式构建研究。大学生是未来职业人才的主力军,课题将微观研究的重点着眼于探索高校职业文化构建的有效模式。其一是对当前高校职业文化建设的相关理论和改革实践进行研究,梳理我国高校职业文化建设存在的误区与困境,分析职业文化中的主要问题,找准高校职业文化建设的主要问题及其成因;其二是探讨高校职业文化如何融入社会的实践机制与运行机制,实现校园职业文化与社会职业文化的有效对接;其三是思考讨论对大学生开展职业理想教育、职业素养教育的有效方式与载体,增强学生的职业信仰与职业认同,提升其职业可持续发展能力。

3.拟突破的重点和难点

在宏观层面上,从实现人的全面发展出发如何构建适应中国社会主义初级阶段和市场经济特点的、符合时代特征的现代职业文化体系;在微观层面上,如何构建高校职业文化建设的有效模式。难点在于：一是如何把握职业文化与人的存在、人的全面发展及人生幸福、人生意义等方面的内在关联，寻找职业文化影响人的全面发展的内在机理；二是如何实现职业文化与企业文化、行业文化建设在价值取向、内容体系、运行机制、环境氛围上的相融；三是如何实现校园职业文化与社会职业文化的有效对接机制，使职业文化真正贯通职前与职后的全过程。本书拟在以下几个方面取得突破：

一是研究视角的突破，突破从社会视角和组织视角来研究职业文化，选择个人视角来审视职业文化，厘清职业文化与人的全面发展的关系，全新阐释职业文化的内涵与价值意义。全面探讨个人在社会环境和职业舞台上的发展问题，深入到个人生涯历程的全过程。

二是突破当前高校在职业文化研究与实践中尚停留于职业伦理教育、职业人文教育、职业生涯教育的框架范畴，局限于校园文化与企业文化的简单对接，没有从职业文化的宏大视野中来把握学校文化建设。本书将运用科学发展观理论、马克思主义人学理论、职业价值观、组织文化理论和现代职业教育理论，提出高校文化与职业文化对接的命题，并探索出一套实现对接的实践机制。

三是研究方法的突破。突破目前职业文化建设研究以理论演绎为主的方法论局限，通过大量的实证调查和个案分析，使研究成果更具实践意义和应用价值。

(三)研究方法

本书立足于人的全面发展的视角，对当代中国高职院校职业文化建设进行基础层面的研究。从概念辨析和价值定位两个层面，对现代职业文化的内涵与特征做出界定，再论述现代化发展中职业文化的重要性，然后深入阐述现代职业文化与人的存在、人的全面发展及人生幸福、人生意义等方面的内在关联，最后再回归实际，对当代中国的职业文化建设及高校职业文化建设现状进行深层次的透析,提出高校加强职业文化建设的整体方案。

首先,提出我们对职业文化概念与内涵的界定、职业文化的基本特征,明确现代职业文化建设的价值与意义。

其次,从问题入手,分析当前我国职业文化建设中存在的问题;高校在职业文化建设理念、目标、内容、载体、机制中存在的问题及当前大学生的职业信仰、职业道德、职业情感和职业认同情况。从我国职业文化建设滞后于经济社会发展、高校职业文化建设与现代职业文化要求不相适应的现状出发,明确高校加强职业文化建设和对学生加强职业价值观教育的重要性。

第三,从文化哲学、文化人类学及马克思主义人学的理论层面研究职业文化与人的全面发展的关系。

第四,从实践的角度,阐述高校职业文化模式的结构与运行机制。探索在高校中实施职业文化建设的具体目标、主要内容、基本路径,以期为建构我国高校职业文化建设模式和对大学生开展职业价值观教育提供参考。

本书要在普遍意义上对职业文化进行一般层面的研究,因而是一个涉及多种学科与多个行业领域的研究,所以将在研究中采用多种方法。具体为:

(1)调查研究法:通过对不同行业、不同规模、不同地区、不同经济结构的企业家及员工进行访谈,搜集他们对职业文化的理解与看法,尽力掌握第一手资料。对部分高校职业文化现状进行实地考察,了解当前高校职业文化存在的主要问题。

(2)文献研究法:搜集整理国内外有关职业文化、企业文化、行业文化、职业伦理的相关文献的研究,形成对"现代职业文化"的内涵和外延的重新界定,跟踪、掌握理论和实践方面的最新进展,并进行分析比较,为本书的研究提供学术基础和立论依据。

(3)系统分析法:坚持运用系统理论和系统方法,把职业文化作为一个完整的有机系统,从整体的结构和功能去研究职业文化建设问题。

第一章　现代职业文化概念的当代厘定

什么是现代职业文化？这是职业文化研究无法回避的逻辑前提。它既涉及对职业文化内涵与外延的理解，又是对职业文化研究对象的界定。从现有的研究来看，目前学界对职业文化的概念并没有形成统一的认识。那么到底应当如何界定和理解现代职业文化？我们必须从职业着手，在此基础上对职业文化做出科学的界定与深入的理解。

一、现代职业文化概念凸显的现实背景

(一)职业生活的中心化

现代社会中，职业已经成为与人们生存紧密联系并决定人们生存状态的重要因素。在劳动没有分工的野蛮国家，一切劳动产品全是为了满足人类的自然需要。但在国家已经开化，劳动已经分工以后，人们所分配的给养就更加丰富。正如亚当·斯密将劳动分工看作是野蛮国家和文明(开化)国家的重要区别性标志一样，劳动分工是能体现社会发展程度的一项重要指标。随着社会的进一步发展，

在当代社会,社会劳动分工越来越专业化,角色职能越来越社会化,人们的生存与职业密不可分。在现代社会中,职业与人的生存紧密联系,它已不仅仅只是成年人的生存活动,而且与社会中的儿童、老年人发生紧密联系;它不仅仅是个人生存资料的重要来源,职业也成为个人社会化的重要媒介,成为现代人与集体、社会、国家紧密交往的联系点,成为人的社会化的重要场所。人生的希望在这里升起,生命的意义在这里得到诠释。总之,职业成为社会成员辨识身份的重要标准,职业成为现代社会中个人的权力、财富、社会声望的重要来源,进一步讲,人类进入了一个以职业生活为中心的社会时代。

(二)职业道德概念的日常化

随着职业地位的重要性的逐渐提升,人们逐渐接触到职业道德这一概念。职业活动并不是一种孤立的个体性活动而是社会性活动,人的职业活动条件的满足、职业活动的开展、职业成果的运用等都离不开社会的支持、离不开他人的协助。而在与人接触过程中,在社会的公共领域中,就自然涉及对个人活动的道德要求。这样,随着职业活动在人们生产、生活中地位的逐渐凸显,人们也慢慢经常接触到职业道德这一问题。虽然职业道德早已经为大家熟悉,但人们在认识它、使用它时也不完全是内涵统一的。有时职业道德指的是个人品性,有时职业道德被泛指成一种社会现象,有时候职业道德又成为一种外在的规范,等等。但不管怎么说,职业道德已经成为道德领域的一个重要范畴,对从业人员的行为发挥着重要的指导和规范作用。

(三)职业文化渐近化

一方面是职业道德、职业伦理等与职业相关的、由道德范畴直接派生的约束性规范日益普遍化,成为与职业岗位紧密相伴的行为准则,如忠于职守、爱岗敬业,诚实守信等等。但更多地还是对外在行为的约束,以"应该怎样"、"不能怎样"来要求的。但随着社会发展与进步,文化开始从幕后走向前台,以人的全面发展为核心的社会发展更加重视,"职业文化"由此也进入人们关注视野。研究者和实践者赋予职业文化更高的期望:作为特殊的文化构成,它的使命是从培育现代职业人的要求出发,用现代职业人的标准和尺度去塑造劳动者,使其全面素质得到提升。虽然正确的职业意识和良好的职业道德是其中的重要内容,但职业文化的内涵显然要丰富得多。因此,职业文化越来越多走进了我们的研究视野和实践领域。

二、现代职业文化概念的界定及其理解

(一)现代职业文化的概念界定

如同我们对文化的理解一样,职业文化的内涵也有必要从不同的角度来把握。

1. 作为社会意识的现代职业文化

社会意识是指社会的精神生产过程,是对社会存在的反映,包括人们的政治法律思想、道德、艺术、宗教、科学和哲学等意识形式及感情、风俗习惯等社会心理。理论上通常将社会意识分为两个层次:社会心理和社会意识形式。社会心理是直接与日常社会生活相联系的一种自发的、不定型的意识。社会意识形式是反映社会存在的比较自觉的、定型化的意识。由社会意识形式对经济基础的不同关系又可分为:社会意识形态和非上层建筑的社会意识形式。社会意识形态是对一定社会经济基础和政治制度的自觉反映,社会意识形态属于上层建筑。社会意识的其他形式如自然科学、语言学、逻辑学等,是社会意识形式中的非意识形态部分,不属于上层建筑。

社会意识产生于社会生活,是与社会现实相契合的一种意识。社会意识反映的是一种社会文化,一种社会道德风貌,一种社会文化心态,和日常所说的社会思潮与社会情绪有相通之处。因此,社会意识是一种社会的或群体的或集团的共相,存在于多数人或部分人之中,为他们所认同。社会意识好比一根有凝聚力和约束力的链条,成为社会整合力的某种黏合剂,并由此成为一种社会合力。社会意识还是一种生活方式和集体体验,引导着人们的社会生活,推动着社会的运行。袁华音在《社会意识和社会问题》[①]一文中,依据社会意识的层次性,对社会意识作以下区分:第一是已经上升为观念形态的社会意识。这是社会成员不管自觉与否都必须共同信奉的那种社会意识,也即占据支配地位的作为上层建筑和世界观体系的意识形态。这常常表现为主体性社会意识。第二是阶级和阶层意识。这是部分社会成员的意识,与人们的阶级属性和阶层地位相应的意识。第三是群体意识。包括集团意识、单位意识、社区意识、家庭意识等等,是更小一部分社会成员的意识,与个体地缘、业缘、血缘归属密切联系的意识。

　　由此我们来分析职业文化的内涵,它包含着导向性、约束性和自主性。导向性是指任何一种职业文化,无论是从广义还是狭义,都一定程度包含着政治意识、法律意识等,与主体性社会意识形成某种联系,并不因为谁不认可谁不愿遵守而可区别对待。比如当下,不同利益群体在理想信念、精神风貌、价值取向、道德观念和思维方式等方面出现明显不同,社会职业文化的建设,必然纳入中国特色社会主义文化的轨道,与社会政治经济建设和社会发展同步,在建设方向上绝不可能随心所欲自成一脉。约束性是指职业文化通过道德意识、职业意识等内容,对职业人的责任感、心理产生一定的影响,从而规范他们的行为。任何一个从业人员,首先就是从岗

---

①　袁华音:《社会意识和社会问题》,《上海大学学报》,1995(6):24。

位需要出发选择自己的行为取向,应该做什么、可以做什么、不能做什么,进而进一步提升自己的目标追求。此时,人们的行为选择与人特定的价值取向相一致。自主性是指职业文化并非只有规定性要求,它也有满足个体兴趣、爱好、特长等需要的职责,例如,企业文化建设中有非常丰富的内容,每个个体完全可以从自己的喜好出发,选择参与的内容。企业也完全可以根据本企业的特点选择企业文化建设的重点。特别是社会进步所彰显的、与自主性相伴随的人的独立性、选择性,更加强化了职业文化建设中的个体的自主性。

2.作为社会规范的现代职业文化

"社会规范指整个社会和各个社会团体及其成员应有的行为准则、规章制度、风俗习惯、道德法律和价值标准,是为保障团体目标的实现和团体活动的一致性,建立起来的约束团体成员共有的行为规则与标准。它的形成是以社会文化为基础,是人们对社会规范的了解和掌握,是在社会化过程中,通过社会学习逐渐实现,是成员之间受模仿、暗示、顺从等心理因素的制约下自然而然形成的。它是文化的重要内容之一。"①社会规范表现出以下几个特点:

一是表现出标准化和概括化的特性。社会规范一般是含有社会对个人行为期望功能的观念,它的对象是一般的人而非具体的人,它的内容只为人们行为提供模式和标准。所以,社会规范是调整人们社会关系的比较定型的基本的行为准则,具有很强的概括性和有效的标准性。社会规范的这一特性使得它对人们行为有极强的规定作用。

二是表现出导向的特性。人们在从自然人向社会人转化过程中,都会以他人遵守或违反社会规范的行为后果作为自己的参照,从而自觉地掌握和遵守这些规范。另一方面,由于人们不断地将与自己有关的各种社会规范内化,因而人们在行为前便可预知社会群

---

① 艾军、王晓冬:《社会规范系统下的跨文化交际模式构建》,《黑龙江高教研究》,2010(1)。

体对自己行为的要求和期望,普遍地预见到自己行为可能的后果。社会规范的这一特性使得它对人们行为有着巨大的影响作用。

三是具有强迫人们遵行的特性。在社会化过程中,社会或群体必然把既定的社会规范教授给每一位成员,同时根据他们履行这些规范的表现实行奖励或制裁。对绝大多数人来说,遵从社会规范是将其内化的结果,社会规范只有在被个人当作财富接受时,才能既对人们行为起控制作用,又能够成为人类积极活动的发动器。总之,任何形式社会规范的强迫性,都是以服从为前提,以制裁为后盾的。它的这一特性成为社会规范对人们行为发生影响和规定作用的后盾和保证。

作为社会规范的现代职业文化,其制度的规定性在"现代职业文化的内涵"一节中还将具体论述。在此想着重围绕社会规范的要求来思考现代职业文化的价值观问题。现代职业文化要表现出社会规范的特性和要求,但为何它具有这样的职能呢?其实蕴含在深处还是价值规范、价值标准、价值观问题。价值规范并不是一种脱离社会规范体系而独立存在的东西,就如同我们在职业文化建设的过程中,价值规范尽管它是客观存在的,但它自身是无法单独表现的。正如皮亚杰曾对此论述:"价值就本身来说是没有结构的,除非在这种情况下,即价值中的某些形式,如道德价值,要依靠某些规范时,才不是这样,于是,价值似乎就成了某种不同尺度的标志,这就是功能标志。"[1]大家都知道,价值必须是在需要和满足需要的关系中才表现出来的,因此,职业文化也一定是在满足职业人的需要中建设和发展的。价值规范通过职业文化中制度规范暗示给职业人"应该有什么行为"、"不能有什么行为",解决的是人们行为的一定方向和目标,只要社会还在发展,需要和满足需要的关系就不会完结,反映这种关系的价值规范就不会消失,只是由于人们主要需求

① 皮亚杰:《结构主义》,商务印书馆 1984 年版,第 72 页。

的相对确定性,它的变化较为缓慢。

探讨职业文化的深层内涵是有意义的。一方面,我们既要重视制度文化的建设。它们对社会成员的行为具有直接的规范和约束作用,因此,从某种程度上说职业文化的创新首先让人直接感受到的是制度文化的创新,对人的行为的改变也首先是从制度规范来实施的。但另一方面,我们必须重视内在的价值规范的建设。价值规范则是一定民族心理较为稳定的部分,是千百年来人类世代延续比较固定的认识,因此它们的改变有更大的难度。因此,现代职业文化建设既要重视保留中华民族优秀的职业文化的特色,使之延续,同时我们的文化创新又不能满足于表层的"繁荣",而是要更加重视价值规范的引导和建设。唯有如此,我们的文化创新才是可持续的。

3.作为个人品质的现代职业文化

职业文化不是凭空产生的,也不是先天预设的,而主要是职业人在具体的职业实践活动中所体现的精神特质、行为习惯的历史凝练与积淀。在这种意义上,职业文化体现为职业从业人员的"精气神"。基于此,人们也常常可以借助职业从业人员的思想观念、行为特征和思想品格等从中管窥某一职业的文化特征。

第一,职业文化是职业实践活动主体的基本素质规定。从哲学的角度看,职业文化是职业人在职业实践过程中创造出来的物质和精神成果,它是主体开展职业实践活动的内在动力,其本质是自主性、目的性和创造性的有机统一。职业文化既以观念形态、心理状态等形式存在于职业者的头脑中,展现为职业从业人员的价值观、理想信念、伦理道德、文化传统等,同时也表现为职业人的行为方式、传统习惯等。

第二,职业文化是职业主体的一种追求自我发展和自我完善的意识反映。人是一种未完成性动物,人的发展具有无限的生成性可能。"人的未完成和未确定性及其所蕴含的人的可塑性,并不表明是人的一种消极、被动的特性,其中所包含的恰恰是人的积极能动的自我塑造、自我创造的创造性。创造的过程是为了追求某种完善、某种确定性,从可塑性中塑造出某种完形。"①作为职业活动主体的人具有明显的主体性意识。他能够从自身的需要和利益出发来把握客观世界及职业发展规律,不断改造自己的主观世界,提升认识水平,调适自身的责任意识和目标导向,使之与社会发展潮流和职业导向相吻合。

第三,职业文化是判断主体职业活动是否合理的价值尺度。职业文化是职业生成过程中经过长期的历史积淀而产生和形成的,是对从业者的存在样态的型构,包含了观念设定和价值规范的成分,是指导和规范职业活动的内在依据。表现为其成员所认同的世界观、人生观和价值观,所遵循的思维方式和行为方式,所体现的理想信念、心理意识和道德品质的总和。当主体的职业活动违背了该职业所应遵循的行为方式时,就会受到职业文化的强烈谴责与排斥。

(二)现代职业文化的构成

尽管不同的学者对文化的构成和形态的划分有不同的标准和做法,但是,几乎所有的文化学研究者在某种意义上都会同意把文化粗略地划分为物质文化、制度文化和精神文化。在此,我们也运用这样的结构来思考现代职业文化。

1. 现代职业文化的物质形态。

物质文化(material culture)是文化人类学研究中提出的概念。物质文化是人类文化中最基本的构成部分,因人类克服自然并借以获得生存而产生,故也称为技术文化,是人与自然关系的反映。它包括人类在生产、生活以及精神活动中所采用的一切物质手段和全部物质成果,从衣食住行所需以至于现代科技均涵盖在内,所以它

---

① 夏甄陶:《人是什么》,商务印书馆 2000 年版,第 177 页。

的内容丰富而多样。物质文化只是人类学研究中的一种分类指标，并不必然表明物质文化与其他文化可以相互分离。事实上，物质文化的研究主要是关于物质客体的文化表达的研究，所以它不仅研究物质客体本身，还要研究物质背后的人的行为，更要研究人的认知问题。

潘守永在《物质文化研究：基本概念与研究方法》一文中指出①，当前，许多人类学研究者对物质文化形成了共同的看法：一是任何物质制品都是经人的劳动而由自然物转化出来的，与此相关的研究当然包括物品的质地、形态、性质、技术因素以及存在状态和功能分析等等。其中，技术文化的分析和功能的分析占有更突出的地位，前者揭示人与自然关系的进化程度，后者表明同步的文化操作是怎样进行的。二是物品作为文化的符号和象征物，对于认识物品所具有的文化内涵是非常有意义的。按照结构主义人类学的理论，物质文化的背后隐含着文化的结构，即文化的语法。三是物品在社会生活中是有一定意义的。一般而言，任何物品都能完美地展现其意义，使其意义能被社会明晓和认同。所以，可以把物品当作意义加以研究。所有物品都处于具体的时空网络中，跨越时空的限制，其意义将发生变化。就是这些历史细节规定了物质文化的内涵、实际内容及方式。

认识职业文化的物质形态，可从两个方面看：一是从业者的工作环境（环境型物质文化）。任何一个职业的从业者的工作过程，必定在一个特定的环境中进行，而其依托的显形的工作环境的特点，如整体格局、物品摆设、色调色彩、标识符号、宣传文字、工作人员的穿着等等都是构成物质文化的基本要素。当然，这样或那样的摆设，并不是随意的堆积，而是应该融入一种与该职业紧密相关的文化，进而反映一种管理理念。二是从业者的显形劳动成果（成果型

---

① 潘守永：《物质文化研究：基本概念与研究方法》，中国历史博物馆馆刊，2000(2)。

物质文化）。当然,社会职业的劳动成果,同样可分为实物型和非实物型两类。实物型的劳动成果表现出物质文化的特性。因为劳动成果作为文化的符号和象征物,通过认识成果来挖掘文化内涵是非常有意义的。而在研究物质文化成果时,必须思考技术文化问题。因为在我们的许多劳动成果中,在不同方面都渗透着现代技术文化。技术文化产生于人们对如何利用客观事物的客观实在以提高自己的主观行为效率的认识,其文化功能表现为提高人们的主观行为效率,其文化形态表现为人们的主观行为方式的经验积累和创新。技术文化不是技术本体,而是人们在运用技术、设计与制作技术产品、解决生活中实际问题的过程中,将技术知识、思想与方法、技能技巧、审美观念、规范制度、道德信仰、物资材料等融合在一起,渗透进技术活动与产品中的文化;技术文化不是孤立存在的,它本身就是物质文化、社会文化与精神文化有机融合、共生共长的文化,并且因时代的政治、经济状况,以及地域、环境、风俗习惯等的不同而体现出不同的形式与特征;技术文化通过语言、文字,以及特殊的技术语言——技术图样、图表、技术符号、以身示范、技术产品—技术的物化形式等,进行交流和传承。技术文化不仅是技术产品所携带的文化信息,技术活动中也隐藏着意识形态和精神财富。理解了技术文化,我们也就不难理解物质文化成果的价值和意义。

2.现代职业文化的制度形态

制度是人们在社会活动中所形成的维系社会的行为规范体系。其基本内容包括:第一,制度是一种规则、法则、规章、行为模式;第二,制度的规则、法则是由社会关系所决定的,是社会关系的"形式";第三,制度是为了满足人类需要建立起来并为公众所承认的。

"制度文化"包含以下几方面的内容:①制度文化是人类文化系统中独特的不可缺少的一个组成部分,是社会精神文化的重要构成。②制度文化是人类在漫长的文明进步过程中进行自然和社会规范实践活动所创造的智慧结晶和精神财富,是社会规范现象存在与发展的文化基础。③制度文化是由社会的物质生活条件所决定的制度上层建筑的总称，即制度文化是制度意识形态以及与其相适应的社会规范、制度及组织机构和设施等的总和。④制度文化不仅包含着强制性较高的制度规范，也包含着强制性较弱的如风俗、习惯、禁忌、道德等一般社会规范。⑤一国的制度文化，表明了规范作为社会调整器发展的程度和状态，表明了社会上人们对制度、规范、制度机构等现象和社会规范活动的认识、价值观念、态度、信仰、知识等的水平。各国的制度文化存在着融通之处，是可以相互借鉴和共同发展的。据此，制度文化有广义和狭义之分。狭义的制度文化，仅指强制性较高的规范，如方针、政策、规则、章程、纪律、法律等及相关事物；广义的制度文化还包括强制性较弱的行为规范，如风俗、习惯、禁忌、道德等。

制度文化是一个多层次的复杂的系统，制度文化的结构，可以从内部结构和外部结构两个方面分析。其中制度文化的内部结构包括制度心理层次、制度意识层次、制度思想体系层次；制度文化的外部结构包括一般社会规范层次、制度层次、制度组织机构层次和制度设施层次。现代职业文化的制度形态同样是一个多层面的制度结构，既有国家对从业人员的方针、政策的引导，也有法律法规的约束；既有不同行业对本行业从业人员的行为要求，也有具体单位对本单位职工的纪律要求；既有对不同岗位规程的要求，也有对人的内在素质的导向。

研究现代职业文化的制度形态，就是为了把握其正向功能，发挥其积极的意义。

（1）更好地规范职业人的职业行为。职业人的行为可以分为岗位行为和岗位外行为，因此他们的行为就要受到不同规范的约束。这里也就包含了两方面的意义：一是通过职业规范，把职业人的行为纳入一定的轨道，保证其职业行为有规可依、有章可循。比如，财务工作者必须在国家法律和财经纪律的范围内实施自己的行为。

二是通过职业规范,向人们提供一种社会化的行为规范,形成更高层次的示范榜样作用。如岗位标兵、劳动模范等。在这里,规范是基础,榜样是提升、是发展。职业文化建设的方向是让职业人更好地发展和提高。

(2)更好地发挥整合功能,建立秩序、形成整体。社会由无数从业人员组成,每个行业同样由无数人员构成,在不同行业之间、在从业人员之间因为思想、意识、利益等多种因素,产生矛盾、冲突和纠葛是正常的。为了尽可能减少矛盾和冲突,形成统一的行动,就需要制定各种制度,明确从业人员的地位和角色以及应有的权利和义务。每个人按其特定角色行为规范办事,社会通过这样一种职业文化的浸润,引导从业人员的职业行为和社会行为。

(3)更好地发挥文化传递和创新的功能。职业文化的产生和发展一定是伴随着职业而延续的,这就可以从两个方面来看,一方面是职业文化伴随着职业的发展而发展。我们的许多职业经过数百年、甚至上千年的发展,在发展过程中形成了特有的内涵和规范,我们传承这些职业也就是在传承这种职业的文化。另一方面是新职业的诞生催生新的职业文化。社会的发展总是在不断推进一些新职业的诞生。一个新职业的诞生也就意味着一种新文化的诞生。从制度层面来说,新职业必然会形成独立于其他职业的新的制度文化,从而规范、引导从业人员的行为。但无论是继承也好、创新也好,职业文化在制度形态上是不断创新的有机整体。

3.现代职业文化的精神形态

精神文化,是相对于物质文化、制度文化而言的。"所谓精神文化,是指文化心态及其在观念形态上的对象化,表现为文化心理和社会意识诸形式。价值观、思想和道德的统一构成精神文化。因而,精神文化是人的本质力量和精神生活的体现,是人对合理价值即'善'和'美'的追求,是社会的思想灵魂,是社会文明的核心内容。"①

在文化的构成中,物质文化和制度文化都是精神文化的外在表现或物化形式,精神文化不应是外在于物质文化和制度文化的独立的东西,而是内在于物质文化和制度文化,内在于人的所有活动的深层的机理性东西。物质文化、制度文化和精神文化不是彼此分离、互相对立的,不是决定与被决定的关系,而是水乳交融的内在结合的关系。

理解职业文化的精神形态可以从几个方面来看:

(1)精神文化是职业人在具体的职业实践过程中创造的。精神文化是人创造出来的,生长在职业领域的精神文化无疑是职业人在自身的工作实践中创造出来的。精神文化的创造在实践过程中常常会经历几个阶段:一是不自觉的文化创造。职业人无论是个体还是群体,在自身的岗位工作中,常常会以不自觉的态度和情感在彰显一种价值追求,虽然没有上升到文化层面,但却已经在影响和感染自己和他人。二是自觉的文化提炼和总结。组织开始有目的地进行提升,形成一种组织文化,使原有的文化现象系统化。三是有目的地实施和推广。自觉主动地把它转化为一种价值观,并有目的、有计划地实施。四是文化的重塑与再造。在实践的基础上进行新的提升和发展,使精神文化的内涵更深刻、更丰富。

(2)精神文化是在职业实践中不断丰富和提升的。随着社会文明与发展,职业的科技含量也不断丰富,因此,从业人员在自身岗位的工作中,既是在运用现代科技成果,同时也在享受科学技术所蕴含的精神资源对自身多方面的精神发展促进。科学技术活动中,理性精神是其灵魂,更是人的本质,富有理性精神的科学技术活动能促进人的理性思维的发展,逐步养成科学的理性精神,如谦逊的态

① 郑永廷:《论精神文化的发展趋向与方式——兼谈精神生活的丰富与提高》,《思想教育研究》,2009(8)。

度、进取的心理、理智的怀疑等,而人的这种理性精神又推动着科学技术的不断进步。拥有科学理性精神的人运用科学技术对迷信、日常生活经验、已有陈旧科技进行批判的过程,是促进科学技术的发展进步和创新的过程,也是激发人的批判精神和创造意识的过程,它彰显了人超越现实和自我一种本质力量,这种促进人的终极性发展的人文价值是极其重要的。

（3）精神文化是以意识、观念、心理等形态表现的。精神文化常常是一种无形的形式,如特定氛围、文化场域、群体心理等。虽然看不见、摸不着,但它却以一种强大的力量影响着人们的思想和行为。一种健康向上、积极进取的文化氛围特别有利于培养和提高一种职业尊严感。职业尊严是一种很强的职业道德感,具有职业道德感的人能够有效地自我激励,并将努力工作看作是有价值的、有意义的追求。职业尊严的培养来自于职业人强烈的职业意识和意义享受,这种意识是那种在实践活动中对人起动力作用的个体倾向,包括需要、动机、兴趣、思想、信念和价值观等心理成分。有了职业意识,就会培养起对职业的尊严感和自觉追求,并逐渐成为其内在需要,乃至创业活动中所必备的心理状态和动力。通过培养和提高职业尊严和意义追求,还可以不断地培养职业人的敬业精神、主人翁精神,而通过这种敬业精神和主人翁精神的渗透和影响,又使职业人的价值取向和职业观发生积极变化,从而激发他们对职业的价值功能的体认,让他们把自己的职业活动与自己的完善和发展联系起来,做到职业发展和人的发展的和谐统一。[①]

（4）精神文化是以追求人的全面发展为特征的。一个社会成员在长期的职业生涯中常常会形成与职业紧密相关的职业人格。职业人格就是人在职业活动中所扮演的角色及其外在行为表现方式。传统职业人概念建立在"物本主义"基础上,以物为中心,以技术为

---

① 王建强:《继承与发展——论我国现代职业文化建设》,"主题论坛"。

中心,人是机器的附属物,人愈来愈非人化,愈来愈成为"非本质"的人,"人即工具"。现代职业人概念建立在"人本主义"基础上:人是目的,一切为了人,为了人的一切;而为了达成目的,在职业活动中又发挥着"工具"的功能,但这种功能已不是物的替代,而是作业活动中上位功能与下位功能之间的关系,是一种以作业为载体的人与人之间的关系。人本主义基础上的职业人格就是借职业活动来实现人的全面自由的发展,提升自己的生命质量,驾驭自己的人生方向,实现自我价值。马克思主义创始人认为,人的发展过程在一定意义上就是"有个性的个人"逐步代替"偶然的个人"的过程。所谓"有个性的个人"就是有自主性的个人,有自由人格的个人。所谓"偶然的个人"就是被各种外在力量奴役的个人。现代职业人通过职业活动,实现人的社会化,并在社会化过程中完成由"偶然的个人"向"有个性的个人"的飞跃。

三、职业文化的相关概念辨析

在文化这个大系统中,文化可以分为很多具体的子类别,并且可以不断地继续将其细分为更多层次的类别。通过对文化的细分,我们能够发现,任何行业及其机构的文化都涉及多种类别形态的文化之间的相互渗透。职业文化并非特立独行,而是在其本质内涵派生的特征中与其他的子文化发生错综复杂的关系,相互依存、相互包含、同中存异、异中有同。

(一)相互依存: 职业文化与行业文化、组织文化

1.职业文化与行业文化

行业文化,是指该行业在发展过程中,在长期的生产经营管理实践中形成的具有本行业特色、并为全行业所认同、遵循的价值理

念、共同信念、经营思想、道德准则和行业规范的总和。

分析职业文化与行业文化的联系，首先要理清职业与行业的关系。

行业一般是指其按生产同类产品或具有相同工艺过程或提供同类劳动服务划分的经济活动类别，如饮食行业、服装行业、机械行业等。职业是人们在社会中所从事的作为谋生手段的不同性质、不同内容、不同形式、不同操作的专门劳动岗位。

行业与职业的关系表现在几个方面：一是它们从不同的方面表现了社会劳动的分工，社会发展需要通过行业与职业来反映。二是社会需要通过行业与职业来和社会成员建立联系，劳动者的劳动报酬和劳动态度通过它们得到和反映。三是职业更多的是从岗位来认定的，所以常常是带有"个别"的特点；行业更多是从相同性质的一类出发的，更突显"类别"的特点。也可以说，行业包含了职业，无数职业岗位构成一个行业，它们是系统与个体的关系。

从行业与职业的关系来思考行业文化与职业文化，两者之间有着密切的联系。

一是行业文化与职业文化同样是社会文化的重要组成部分，行业文化包含职业文化。行业文化包容面更广、内容更丰富。它包括行业战略思维、行业价值观、行业精神、经营思想、道德规范、行为方式、行为习惯，还有行业文化氛围、传统与风气等。如果把文化分成宏观、中观、微观来思考的话，行业文化应该是在中观的层面上的一种"类"文化。因此，行业文化主要体现在机构、组织和个人的价值观、制度与行为等系统化方面，只有系统地加以把握，才能形成系统改进的效果。而以岗位为基础的职业文化则是包含于行业文化之中。

二是行业文化在于引导、规范、推广，职业文化重在落实。思考行业文化建设时，我们需要确立某些具体化的范围和标准，比如确立职业道德、公平、竞争伦理等要素，或者通过某个具体的标杆化的行业文化来引导人们的观念和行为。但行业文化更重要的是确立行业的规范和标准,而把行业文化的要求进行落实的,应该是体现在各种岗位上的职业文化。只有具备很好的职业文化才能体现出行业的核心价值,如注重顾客安全和利益的职业文化才能让从业人员重视食品的安全与卫生。总体上说,因为制度是一种被动的存在,而职业文化则是主动自觉的意识。如果缺乏这种主动自觉的职业文化,制度就无法落实。我们目前许多行业中所存在的问题实际上不是一般的诚信问题,而是职业道德严重缺乏的问题。

三是行业文化必须有职业文化的支撑要素。行业文化主要是通过"行规"来体现,也就是通过原则、制度、规范等来反映的。职业文化与行业文化核心价值(原则)是互相支持的。职业文化通过劳动者表现在职业岗位上的行为方式体现其价值观念和敬业精神。每个人的行为方式是具体的、生动的,它所表现出来的价值观念和敬业精神也是鲜活的、感人的。因此,如果行业文化失去了职业文化建设中的"人"的群体的活动,它只能停留在文字上、文件中,而难以转化为实实在在的工作落实和推动。

2. 职业文化与组织文化(企业文化)

组织文化又称公司文化或企业文化,本文中组织文化与企业文化一词通用,一是因为西方、特别是美国对组织文化的研究更多地把眼光投入了企业内部文化建设上;二是我国学者同样把组织文化与企业文化结合在一起来研究,因此我国关于组织文化的定义常常与企业文化是通用的。

20世纪70年代,组织文化在美国兴起,是因为美国的管理学界认识到,当时美国的管理思想存在着三大缺陷:一是忽视了人及人的感情因素,二是忽视了社会科学的研究成果,三是过分强调定量分析。这促使美国的学者迅速把目光聚焦在本国企业的文化上,发起了追求卓越,重塑美国的热潮,从而形成了组织文化研究的热潮。

国内外学者对组织文化仍无一致性的定义,其主要区别是对组织文化的内容理解不同。Petti grew(1979)：从建构文化基本要素的观点，将组织文化视同信仰、意识形态、语言、仪式和传说的混合物；Ouchi(1981)：组织文化是引导组织政策的哲学，是一套象征物、仪式及传说，组织借由此套方式将基本价值和信仰传输给成员；Deal 和 Kennedy(1982)：文化是一种集意义、信仰、价值观、核心价值观在内的存在，人们将组织文化视为一个企业所信奉的主要价值观；Smircich(1983)：组织文化反映了组织共有的价值观，每个组织都会有其特有类型的信仰、象征、仪式、神话及惯例，而这些信仰、象征、仪式、神话及惯例一再被提起；Denison(1984)：组织文化是一套价值、信念及行为模式，以建立一个组织的核心体；Tunstall(1985)：组织文化乃是共有的价值、行为模式、习俗、象征或标志、态度及处世规范之混合体，而可与其他组织有所区别；Davis(1985)：组织文化乃组织成员所共有的信念与价值，以其为成员塑造意义及提供行为的准则；Barney(1986)：组织文化为一团体之共同信念，包括日常事务性常规工作、价值观及思维；Robbins(1990)：强调组织成员共同的知觉，一种共享意义的系统，使组织有别于其他组织；Schein(1996)：文化是一群人在解决适应环境和内部团结的问题时所习得的、成体系的一系列基本预设，这些预设在实践中卓有成效，所以被认为是正确的，被当作解决问题时正确的感知、思考和感觉方式教给新员工；Robbins(1990)：强调组织成员共同的知觉，一种共享意义的系统，使组织有别于其他组织；等等。

国外学者大多把组织文化看成是组织内在长期的生产经营中形成的特定的文化观念、价值体系、道德规范、传统、风俗、习惯和与此相联系的生产观念。组织正是依赖于这些文化来组织内部的各种力量，将其统一于共同的指导思想和经营哲学之下。

我国学者对把组织文化作为一个独立的范畴研究的并不多，因此，或者更多的是借鉴了国外学者的观点，认为组织文化是组织的价值观、行为方式、精神现象等；或者把组织文化与企业文化结合在一起来研究,因此我国关于组织文化的定义常常与企业文化是通用的。

李成彦在《组织文化研究综述》一文中,引用了相关的研究观点①:

企业文化是一个复合概念,它由企业的外显文化与内隐文化两个部分构成。外显文化指企业的文化设施、文化教育、技术培训和文娱、联谊活动等。内隐文化则是指企业内部为达到总体目标而一贯倡导、逐步形成、不断充实,并为全体成员所自觉遵循的价值标准、道德规范、工作态度、行为取向、生活观念以及由这些因素融汇、凝聚而成的整体风貌(冯文俊、张冠生);企业文化是处于一定经济社会文化背景下的企业,在长期生产经营过程中逐步生成和发育起来的日趋稳定的独特的企业价值观、企业精神以及以此为核心而生成的行为规范、道德准则、生活信念、企业风俗、习惯、传统等等,还有在此基础上生成的企业经营意识、经营指导思想、经营战略等等(管益忻、郭廷建);企业文化主要是一种观念形态,它以企业的价值体系为基础,与企业的管理哲学、管理行为产生紧密的联系。它可以分狭义与广义两个方面。从狭义来说,它指企业生产经营实践形成的一种基本精神和凝聚力以及企业全体员工共有的价值观念和行为准则,从广义来说,除上述内容之外,还包括企业领导人员和员工的文化素质、文化行为,包括企业中有关文化建设的措施、组织、制度等(陈春花);组织文化包括两方面的含义:第一,组织文化是一种知觉。这种知觉存在于组织中而不是个人中。结果组织中具有不同背景或不同等级的人、试图以相似的术语来描述组织的文化,这就是文化的共有方面。第二,组织文化是一个描述性术语,它与成员如何看待组织有关,而无论他们是否喜欢他们的组织,它是描述而不是评价(朱筠笙);企业文化是一种从事经济活动组织内部的

---

① 李成彦:《组织文化研究综述》,《学术交流》,2006(6)。

文化,它所包含的价值观念、行为准则等意识形态和物质形态均为组织成员所认可。从广义上看,企业文化是指企业物质文化、行为文化、精神文化以及制度文化的总和,而狭义的组织文化则是指以企业价值观为核心的企业意识形态(陈亭楠)。

尽管国内外学者关于组织文化内涵的界定不尽相同,但它们基本上都认为,组织文化是组织的价值观和基本信念,这种价值观和信念指导组织的一切活动和行为。另外,组织文化的不同定义中都体现了以人为中心的管理思想。

职业文化与组织文化的依存关系,最主要应该体现在内涵的密切相关性。李成彦在他的博士论文《组织文化对组织效能影响的实证研究》中,把组织文化的内涵概括为五个方面[1]:①组织文化是在组织的发展过程中形成的、组织的基本假设和信念。这些信念和假设是通过学习获得的,它们在组织中无意识地产生作用,使组织成员用基本一致的舆论倾向解释组织所发生的事情。组织的创立者和组织历史上的英雄人物对组织基本假设和信念的形成起着重要作用。②组织文化是组织的核心价值观。组织文化总是以组织的价值体系为基础,突出组织重视的方面,弱化其他方面,是组织的核心价值观的基本体现。③组织文化是组织成员做事的方式。组织文化作为一种基本假设和信念制约着员工的行为和做事方式。符合基本假设和信念的行为方式能得到组织的认可而获得奖赏,不符合的行为规范则会受到指责和排斥。从而组织文化通过组织成员的行为规范表现出来。④组织文化通过物化的东西表现出来。组织文化往往通过组织的仪式、规章制度、标语口号以及环境的装饰等表现出来,从而使组织成员感受到组织文化的存在。⑤组织文化使一个组织与其他组织区别开来。

一个组织中往往存在着主文化和亚文化两种水平。主文化体

---

[1] 李成彦:《组织文化对组织效能影响的实证研究》,华东师范大学 2005 年博士学位论文。

现的是一种核心价值观,它为组织大多数成员所认可。当我们说组织文化时,一般就是指组织的主文化。如果我们把组织文化作为一种主文化,那么从一定意义上说,狭义的职业文化,也可以视为是组织文化的亚文化。因为在一个组织内部,从业者的工作性质、内容、方式存在着明显的差异,例如,销售部可以拥有本部成员共享的独特亚文化,它既包括主文化的核心价值观,又包括销售部成员的核心价值观。因而以职业要求为核心形成的文化也都会形成自己的一些个性色彩。"不管组织如何建立自己的共性文化,如何强调规章制度的严肃性以及愿景规划的宏伟与目标的远大,组织中的'个性'本能地会努力与组织共性层面的文化保持适当的距离,因为每一个组织成员都力图保持自己对精神的追求,期望在成为组织成员时保持自己的个性和追求个性的自由以及作为个性影响组织行为的自由"。① 在这种情况下,虽然组织的核心价值观仍占主流,但为适应本单位的特殊情况会有所调整。

如果组织没有主文化,而是由多种亚文化构成自己的组织文化,那么,组织文化作为独立变量的价值就大大减小了,因为这样一来,对于恰当与不恰当的员工行为就没有统一的解释。组织文化中"共同的价值观"引导和塑造着员工的行为,但同时许多组织拥有亚文化,它们对员工的行为也产生影响。虽然组织中不同的职业岗位的构成内涵各有差异,但它有序地结合在一个体系中,支撑着组织的目标,回应着组织的导引。同样,企业员工的做事方式也离不开职业岗位所赋予的行为方式,组织文化所规定的行为方式大多必定与岗位行为方式相联系,所以职业岗位的行为表现是组织文化行为的具体表现。而且,职业文化的物质形态也是组织文化的有机构成。组织文化的物质形态同样不是单一、抽象的,而是具体到不同的有机构成中,而表现出局部的个性和特色,而正是如此,也使组织

---

① 樊耘:《组织文化的构成及其内涵》,《湖南工程学院学报》,2003(3)。

文化所营造的环境文化丰富多彩而充满活力。

（二）求同存异：职业文化与职业道德、职业伦理

如果从学科类别来区分职业文化与职业道德、职业伦理，显然职业文化属于文化学范畴，职业道德、职业伦理属于伦理学范畴，但是由于都是围绕"职业人"这个共同的主体而进行的思想提升和行为规范，自然有不少交叉研究的内容。

首先，我们有必要就职业道德与职业伦理进行一些比较。

什么是道德？从字义上看，英文中的"道德"（morals）一词是从拉丁文（mores）演变而来的，含有风尚、习俗等意思，加以引申也有法则、规范的意思。中文中的道德最初是分开使用的，"道者，路也"，表示行人之路，后引申为表示事物运动变化的规则、规律和做人的道理。"德"原义表示正道而行，直目无邪的意思。从周代起，"德"演化为既要外得于义理，又要内得于己的意思，即"德者，得也"。从先秦起，"道德"开始连用。

道德是人类社会生活中所特有的，由经济关系决定的，依靠社会舆论、传统习惯和人们的内心信念来维系的，并以善恶进行评价的原则规范、心理意识和行为活动的总和。

职业道德是指人们在职业生活中应遵循的基本道德，即一般社会道德在职业生活中的具体体现，是职业品德、职业纪律、专业胜任能力及职业责任等的总称。职业道德是同人们的职业生活实践相联系的，在范围上，主要表现在实际从事一定职业的人们中间，因而职业道德是家庭影响和学校教育初步形成的道德状况的进一步发展，是一个人道德意识和道德行为的比较成熟的阶段，它具有一定的稳定性和继承性，形成了人们比较稳定的职业心理和职业习惯。在内容上，它与各种职业或行业的特殊要求相联系，具有较强的职业性。职业和行业不同，职业道德也就不同，往往形成比较特殊的职业传统和品格。在表现形式上，适应各种职业活动内容和交往方

式的要求,往往具有很大的适用性和表现形式的多样性。各种职业从本职工作出发,采取一些简便易行的方式,使之具体化、实用化,如规章、守则、公约、誓词等,由此培养人们养成良好的道德习惯。由于职业道德具有这些特点,所以,它能够使一般道德原则和规范在实际生活中发挥作用,对个人的思想和行为乃至一个企业单位的行为,发生经常的、具体的影响,成为阶级道德的一般原则和规范的补充。

什么是伦理?从词义上看,英文"伦理"(ethics)一词渊源于古希腊文 ethos,含有风俗、习俗、道理等意思。中文伦理中的"伦"指的是人的血缘辈分关系。"理"原义为"治玉",后引申为规律和规则。《说文解字》中是这样解释的:"伦,从人,辈也,明道也;理,从玉,治玉也。""伦理"连用一般则指处理人们之间不同的关系以及所应当遵循的各种道理和规则。

职业伦理是为协调职业活动中职业劳动者之间、职业劳动者和劳动资料之间、职业劳动者和服务对象之间的关系,体现于职业活动过程中职业劳动者为促进人类和谐相处、协调发展所应遵循的原则和行为规范。世界上有各种各样的职业,各职业都有自己的行为规范。职业伦理则是某一职业的从业者对具有总体性的社会伦理和社会主导价值观的遵循。职业伦理所具有的这种总体性特点,与职业道德的个体性和主观性形成了对照。在社会化和市场化趋势日益凸显的现时代,对于职业伦理的要求,较之职业道德,将更为迫切和必要。那么,职业伦理就是一种特殊的伦理立法,它是要从社会伦理的角度确立职业的伦理规范及价值观问题。在很多时候,职业伦理甚至主要是体现为一种否定性意义上的东西,其存在的必要性恰恰在于着力解决职业领域内的伦理失范和价值混乱问题。职业伦理从社会意义的角度提出要求,是它的基本定位。把从业者视为按照职业来加以区分的特定的社会角色,并在此定位基础上对其权利与义务做出规定,这样来说,职业伦理其实就是角色伦理。

职业是随着社会分工和生产内部的劳动分工而产生的,具有权利和义务双重规定性的社会劳动岗位,是一个人赖以谋生和实现自己人生价值的舞台。有职业就有相应的职业活动和职业行为,就会有矛盾和冲突产生,也就需要职业道德和职业伦理来发挥应有的调节作用。

对于具体职业而言,由于道德和伦理这两个概念比较接近,有时还把它们作为同一概念使用,因而职业道德和职业伦理之间的区别也就比较模糊。但这并不等于说,职业道德与职业伦理可以相互完全替代,它们之间仍然存在着差异。可以从三方面来看:

一是从作用的对象来说:道德更多地或更有可能用于个人,更含主观、内在、个体性、特殊性意味。道德强调个性和德性,道德不是达到别的目的的手段,其自身就是目的。因此职业道德更多地是指职业人个体按照岗位规范对自身的内在要求和行为的一种约束。伦理更具有客观、外在、社会性、独特性意味,伦理是客观法,是他律的。伦理与现实社会生活有直接的联系,没有离开现实的社会生活的伦理。

二是作为价值本身来说:道德价值的核心是善、好,其最本质的东西是个体心灵秩序的完善、自身的自由追求,因而势必呈现出自我价值追求的个体性差异。可见,职业道德的培养与个体的内心信念的形成是分不开的,唯有职业人在职业岗位工作实践中,在内心深处确立了对真善美的追求,才会在日常的行为中有所体现。而伦理的核心是正当,其最本质的东西是社会成员在共处中的利益关系的公平与正义。伦理是社会所必须认同和要求的基本的、共同的价值认同,着眼于社会利益和整体秩序的协调、稳定和持续发展。因此,职业伦理是基于社会成员的整体关系协调而发生作用,诉诸人们对公平与正义的共同价值追求,并在多层面的社会关系中付诸实施,产生普遍约束的作用。

三是从存在领域来说:道德主要存在于私人精神领域,主要体现在追求利益的个体与自我良知的对话。它往往突破世俗功名、利益关系的束缚,体现为常人难以理解的自我牺牲和超理性的信仰追求。高尚的职业道德的拥有者,正是因为个人道德精神的高度,所选择的人生追求与超越常人的坚持,常常为世人难以理解。伦理主要存在于人的共同体的公共领域,在现代社会主要诉诸个体之间的民主性讨论与对话,达到利益关系上的共同认同。因此,职业伦理更多是在不同群体中,围绕职业之间的矛盾和冲突,通过教育、讨论、对话,达成共识,产生共同的职业信念的追求。

进一步研究职业文化与职业道德、职业伦理的关系,不难发现,真正牵引它们的核心内容是职业价值观,或者说,在职业价值观引领下各自发挥着对职业人的教育和影响。

职业价值观是指人生目标和人生态度在职业选择方面的具体表现,也就是一个人对职业的认识和态度以及他对职业目标的追求和向往。理想、信念、世界观对于职业的影响,集中体现在职业价值观上。①价值观是因人而异的。由于每个人的先天条件和后天环境不同,人生经历也不尽相同,每个人的价值观的形成会受到不同的影响,因此,每个人都有自己的价值观和价值观体系。在同样的客观条件下,具有不同价值观和价值观体系的人,其动机模式不同,产生的行为也不同。②价值观是相对稳定的。价值观是人们思想认识的深层基础,它形成了人们的世界观和人生观。它是随着人们认知能力的发展,在环境、教育的影响下,逐步培养而成的。人们的价值观一旦形成,便是相对稳定的,具有持久性。③价值观在特定的环境下又是可以改变的。由于环境的改变、经验的积累、知识的增长,人们的价值观有可能发生变化。职业价值观反映了人们对职业的基本价值取向,它从生活空间和工作空间体现人的发展、既体现平衡的生活方式,又体现文明的工作行为。职业价值观的教育引导一方面就是要使职业人在身心、智力、情感、审美、责任感等方面全面发展,成为一名现代社会的合格公民;同时,正确认识本职业的社会价值,尊重职业、精通职业,在岗位上有所发现、有所发明、有所创造,成为一名合格的职业人。职业文化、职业道德、职业伦理无论是在意识的培育上、精神的引导上,还是在行为的规范上,无疑都打上自身价值观的"烙印"。

以职业价值观为核心的职业文化对人的提升具有积极的促进作用。具体说,一是职业文化要培育职业人现代职业精神和成熟的职业心态,即乐观、向上、自信,勇于开拓、创新,有职业责任感,能较好地把工作热情和务实作风相结合。二是要培育职业人与岗位相适应的现代职业能力,包括对工作环境、人际关系以及对工作本身的适应能力,终生学习习惯,创新精神,等等。三是培育职业人的现代职业素质,熟练使用现代职业工具,能够进行自我开发。

第二章 现代职业文化的特征、功能与价值定位

一、现代职业文化的特征

(一)继承性与发展性的统一

现实生活中丰富多彩的文化并不是人类一下子发明创造出来的,而是人类长期积累的结果。从另一个角度,这种积累也是人类世世代代对前人文化创造的继承。文化继承是人类特有的本领,因为人类有了意识,才能认识到感觉对象对自己存在的意义。他们不仅通过思维,而且以全部感官在对象世界中肯定自己。正是通过这种肯定,人类才在调适、控制自然环境和社会环境的过程中,不断地总结经验、积累经验,创造出越来越丰富的文化,并把它们一代一代地传递下去,从而使文化积累越来越多。

文化继承并不仅仅指同质文化在数量上的增加,更重要的是指新文化的创造。在文化传递的过程中,一方面是上一代把经验、技术、知识、思想、理论、方法等传递给下一代;另一方面,下一

代又通过自己的实践，不断补充、发展、丰富原有的经验、知识、技术、思想、理论、方法等，进行新特质文化的创造和积累。

在思考文化的继承性与发展性时，有必要引入"自在的文化"与"自觉的文化"问题。衣俊卿在其《文化哲学十五讲》中提出[①]："自在的文化"是指以传统、习俗、经验、常识、天然情感等自在的因素构成的人的自在的存在方式或活动图式。自在的文化因素通过家庭、学校、社会示范等方式而潜移默化地溶进每个人的生活血脉中，顽固地然而往往是自在自发地左右着人的行为。而"自觉的文化"则是指以自觉的知识或自觉的思维方式为背景的人的自觉的存在方式或活动图式。一般说来，自觉的文化在现代社会中占据比较重要的地位，它不是自在自发地，而是通过教育、理论、系统化的道德规范、有意树立的社会典范等等而自觉地、有意识地、有目的地引导和左右着人们的行为。

文化的继承发展中必然包含"自在的文化"与"自觉的文化"两种类型，"自在的文化"使文化的丰富性、广阔性得到实现，而"自觉的文化"使文化发展的方向性和高层次得到了实现。

职业文化从形成到发展，始终是一个伴随着职业与社会的发展而不断地自我创新与超越的动态过程。这种动态性正是对历史的继承和时代发展的结果。职业文化是伴随着职业的生成、发展、演化过程中逐渐积淀下来的职业生存哲学，任何一种职业文化的形成和发展都基于一定的时空，有其特定的历史根源。"对于一定时代的人们来说，传统道德是一种历史性存在，但它又作为一定社会文化系统中的相对稳定的成分甚至基质流传下来，渗入到现实的人的社会文化生活和社会文化的创造活动之中，发生着自己的影响和作用，甚至作为一种趋向和定势，引导和制约着人的现实的生活和活动，引导和制约着人的创造与自我创造。"[②]同时，人在职业实践活

---

① 衣俊卿：《文化哲学十五讲》，北京大学出版社 2004 年版，第 60 页。
② 夏甄陶：《人是什么》，商务印书馆 2000 年版，第 179 页。

动中又具有高度的自觉自为性,随着时代的发展和社会的需要,人们的职业观念、职业行为、职业规范等也会随着生活的变化、时代的更替、科技的发展而变化,职业文化又体现出鲜明的时代特征和发展性。职业文化的继承性与发展性是辩证统一的,继承性是发展性的基础,发展性是继承性的要求。继承性和发展性是维系职业文化演进和发展的动力。

(二)民族性与开放性的统一

文化是一个民族的灵魂和本质特征,是一个民族的身份证。任何一种文化都是以自己的民族精神为依托的,带有鲜明的民族特色。同时,先进文化又不是封闭的,它是随着时代的变迁和社会的发展而不断吐故纳新、与时俱进。现代职业文化应该是职业的民族性与开放性的统一,就是说,这样一种体现中国特性时代特色的文化中,应该包含中华文化和西方文化的优秀因子,共同形成一种符合中国社会进步和人的发展需要的职业文化。

当然我们无须就职业文化的细枝末节来探讨中西方文化的优劣,而应该从本体的特征来加以分析。哲学家成中英在他的《C理论——中国管理哲学》一书中,表明了自己的观点①,他认为中国哲学和中国文化包含了极崇高的"人性自觉",是一种"人性自觉"的哲学与文化。人性是善良的,人性具有"民胞物与"的潜力。与中国的哲学与文化相比,西方文化则是一种"理性自觉"的哲学与文化。理性是分析的、客观的,以世界为对象的。简单地说,中国文化强调人性的自觉,西方文化强调理性的自觉。人性与理性,都是人类所需要的。如果只有人性,而没有理性,人类就只有质而没有文,只有情而没有理。只注重人性,会流于只注重人际关系与个人面子,而不能运用理性去寻找普遍化的原则。若只有理性,而没有人性,则人

---

① 成中英:《C理论——中国管理哲学》,东方出版社2011年版,第76页。

将流为冷血的机器,丧失道德价值的肯定,只讲求方法而不讲求目的。就是有目的,也不是正确的目的。今天我们要谈中国哲学与中国文化的发扬,一定要坚持人性的自觉,同时也要扩大理性的自觉。

我们在培育现代职业文化的时候,兼顾"人性自觉"与"理性自觉",一方面充分调动职业人的自主与自觉。只有当主体真正认识到了工作的价值,并享受到工作的愉快与乐趣时,履行其职业义务、职业道德就有可能成为一种自觉的行动。职业意识、职业态度、职业责任和义务、职业纪律、职业作风等,都会在工作过程中达到"高位"。更具体地说,他们的敬业精神、诚信意识、责任心、职业伦理、规则意识等等,都会很好实现。另一方面又要充分发挥规则、制度的引导和规范作用。现代职业文化不仅要有"柔"的一面,同样需要"刚"的一面,必须尊重客观规律,必须把人的行为约束在制度规则框架内。

虽然不同团体之间职业文化具有相对的对立性,但是职业文化是产生于一定的社会环境中,并受制于一定的社会环境,而社会环境是变动的,职业文化一定会受到外界环境的影响。当代世界是一个开放的世界,如果只是把职业文化视为一种集团文化或称团体文化,不能与外界发生物态交流、互通有无,处于相对封闭的自然状态,必将影响其生机和活力的展现。职业文化只有与时代发展保持平衡、与世界主动接轨,才能体现自己的价值,获得生存和发展的空间。

(三)自律性与他律性的统一

自律就是社会主体自愿认同社会规范,并结合个人的实际情况自觉践行,把外部的要求转化为自主的行动。具体说,首先是主体对规范的认同。就是主体在对社会规范进行深刻的利益反思的基础上,从内心深处敬畏这些社会规范,自身积极地对自己的行动进行意志约束。其次是主体为自己立法。不但从静态上敬畏,服从道德规范的他律性,而且从动态上给自己一定具体的道德行为准则。三是意志对欲望的驾驭。通过意志的力量保证理性在与爱好和欲望的对峙中,掌握主动权并取得胜利。

他律就是一种社会规范的外在约束力,就是指主体赖以遵循和行动的标准,受外在的根据支配和节制。具体说,一是社会规范对主体的约束。正如马克思所说的:"作为确定的人,现实的人,你就有规定,就有使命,就有任务,至于你是否意识到这一点,那是无所谓的。"①因此,我们在理解社会义务的本质时,应该从客观的他律方面,来寻求本质的答案。二是社会规范对主体的导向。社会规范的约束力,不但是告诉人们不能做什么,同时也告诉人们应当做什么,不但是约束某一行为,同时也是激励某一行为。约束性是从不应当的角度来理解社会规范,导向性则是从应当的角度来理解。

自律与他律的统一,一是他律与自律是一致的。一方面是讲个体必须是自律的,因为社会规范只能通过个人的自律得到实现;另一方面,个体的自律又必须以社会的、外部的他律为基础和根据。一个人越是尊重他律,能承担他律的客观要求,他的主体性就越强,他的自律程度就越高。二是他律与自律又有区别。道德自律是个体在内化社会道德律令基础上自己立法的结果,即所谓的自己为自己立法;他律性道德行为的主体所遵循的道德行为规范的确定是道德行为主体以外的个体所确定的。三是道德自律与他律具有相互转化性。主体需要经过长期的认识、学习和实践,达到认同,成为自身的一种要求,并自觉遵守,实现社会规范从他律走向自律的转化。

职业文化自律性与他律性的统一,就是说:

一是职业人对规范的认可。任何一个职业人必定生活在各种各样的规范之中,大到社会的法律制度、道德规范,中到行业、企业的制度规定,小到每一项具体工作的要求。一个职业人必定是在这

---

① 《马克思恩格斯全集》(第三卷),第329页。

些规范中生存和发展的,但一个人生存和发展的状况如何,取决于自身怎样面对规范。当一个人对构成各种关系的规范,有了正确的认识、思考、认同,并转化为自己的职业行为和为人准则时,他就会将这些规范内化为行动要求,落实在自己的岗位工作中,并自觉自愿时刻提醒自己。

二是职业人对规范的服从。服从从另外一个角度来说是规范对人的约束。"人的文化行为或表现是具体的,而这种行为或表现的控制机制即程序才是真正意义上的文化","文化作为程序是人为的,是人为自己确定的活动方式、方法、规则、目标、途径等等"。① 职业文化从某一个方面说,实际上也是一种程序,这种程序也就是一种规范。一方面,我们要遵循规则、规范,但另一方面,规则、规范不仅仅是约束人,同时也是激励人。职业文化就是要通过相应的文化形式,告诉职业人什么是自身的发展? 自身应该怎样发展? 自身发展与企业发展是什么关系? 怎样来处理这种关系? 等等。一句话,就是激励人的发展和提升。

三是职业人对规范的自觉。显然,自觉是对认可和服从的超越,是个体建立在理性认同、情感融合基础上的自愿地执行或追求整体长远目标任务的状态,其外在表现为热情、兴趣等,内在表现为责任心、职责意识等等。当职业人达到了对职业规范的自觉,实际上就是对一种价值目标的认同,达到了更高的精神境界,无疑也会使引导自己的工作状态达到新的水平。

(四)实然性与应然性的统一

职业文化既是一个实然范畴,也是一个应然范畴。它既包括对职业和职业人发展现状的客观描述和反映,也是对职业未来发展趋势和职业人全面发展的一种观念建构和期望设想。我们所说的实

---

① 郭湛:《文化:人为的程序和为人的取向》,《中国人民大学学报》,2005(4)。

然性与应然性的统一,应该是从两个层面来思考的。

其一,从人本身来思考。马克思在《政治经济学批判》一书中指出:"人双重地存在着,主观上作为他自身而存在着,客观上又存在于自己生存的这些自然无机条件之中"。① 马克思所阐明的人的两重性,深刻地揭示了人性的奥秘。一方面,他从客体的向度揭示人必然的、无可避免地是存在于他所赖以生存的各种自然、社会条件之中。这是因为,人是一种对象性的存在,他不能脱离他的对象物而存在,为此,他的生存状态要由各种对象关系所规定,也即是说,人是以一种实然状态存在着的。而另一方面,马克思又从人的主体性向度揭示:人"是为自身而存在着的存在物"。② 与其他自然物不同的是,他能够按照自己的需要,通过对象性活动,去超越各种被给定的对象性关系,去打破那种预成的、宿命的生存方式,去实现应然的目的。由此说明,他又是以一种应然的状态而生存着的,也即是说,人性的本质既在现存的实然中,又在超越现存的应然中。承认人是一种实然的存在,也即是承认人是现实的,可感的对象,他不是虚幻的,超验的,一切对人的认识都必须从这里出发。但是,我们对人性的把握却又不能到此止步,还必须承认,作为人,他总是要不断地从这种可感的现实中"腾飞",超越种种给定性,实现自己所追寻的自我发展和自我确证。人总是存在于这种应然与实然的否定性的动态过程之中。从这里,我们才能窥见到人之为人的根本。可以说除人以外的其他存在物,却只可能是"是其所是"的存在着,而只有人才能在"是其所是"与"不是其所是"的矛盾统一中存在。③ 人也正是在实然性与应然性的张力推动下不断向前发展的。

其二,从文化本身来思考。当前,职业文化作为一个清晰、完整的概念,并没有被普遍认可和广泛使用。因此,它的"实然"更多表

---

① 《马克思恩格斯全集》(第 46 卷),人民出版社 1992 年版,第 441 页。
② 《马克思恩格斯全集》(第 42 卷),人民出版社 1992 年版,第 169 页。
③ 参考何中华:《人作为哲学概念的价值》,《哲学研究》,1993(9)。

现为职业道德和企业文化。职业道德作为从事一定职业的人的行为规范和准则，它要求从业人员忠于职守、爱岗敬业，诚实守信、公平公正等等。而企业文化作为企业的灵魂和精神支柱，它通过企业的精神、宗旨、核心价值观、经营理念、最高目标、行为规范、形象标志、产品品牌与立业使命等体现。企业文化的使命就是要让员工认同企业的共同愿景和使命，将个人目标与组织目标结合在一起，主动承担责任并进行自主管理。总之，具有职业文化特征的职业道德和企业文化，在组织与个体的关系上，它更多的是一种规定、服从。而职业文化建设关键是从培育现代职业人的要求出发，用现代职业人的标准和尺度去塑造劳动者，使其全面素质得到提升。

可见，职业文化更丰富的一面，那就是人本身也是目的。职业文化就是要为人自身的发展创造条件和环境，任何一个社会成员不管在什么行业，从事何种工作，既是社会责任的承担者，同时也是自身发展的责任人；任何一个社会组织既承担着管理、组织、调动社会成员推动社会文明与进步的责任，同时也承担着每一个社会成员自身全面发展的责任。

(五)主导性与多样性的统一

主导性是我们在日常生活中频繁使用到的一个词语，要理解主导性，首先就要知道什么是主导。主导就是事物的主要方面，能够在事物的发展过程中处于核心、领导地位，具有决定事物的发展方向和性质的作用。具有这种功能、作用方面的性质叫做主导性。主导性在学术界研究中也有不同的解释，在《现代思想政治教育学》中确定为："主导性是相对于非主导性而言的，主导性即规定性和指向性，也就是在诸种事物或现象的关系中，其中有一种事物或现象居于主导地位，对其他事物或现象起着指导、引导、领导、统领的作用，规定着其他事物或现象的性质和发展方向，进而也就规定着所有事物或现象构成的整体系统的性质和走向。"①

多样性,在学术理论中被界定为,"指事物的种类和表现方式多种多样。大体上有两种基本含义:一是指事物的样式、模式的多样性,二是指事物的种类的多样性。"②可见,多样性具有复杂性、丰富性、差异性的显著特征。从唯物辩证法的角度看,不同的事物其矛盾具有不同的特点,事物矛盾的特殊性其外在表现为事物的多样性。世界上没有相同的两片树叶;一千个人的眼里就有一千个哈姆雷特,体现了世间万事万物都普遍存在着多样性的显著特征。

主导性与多样性两者紧密联系、不可分割。虽然主导性在整个事物活动过程中处于核心地位,对其多样性起到引导和导向的作用,但是离不开其多样性。一旦脱离了其多样性,整个活动就会变得单一,陷入僵化、停止的困境。同样,多样性也离不开其主导性,多样性尽管能够使整个活动丰富多彩,但是多样性始终是在其主导性的引导下进行的,一旦脱离了其主导性的引领和指导,就会迷失方向,陷入无序发展的混乱状态。同时,两者相互作用、相互影响。主导性是多样性的基础,统领活动的目标、内容、方法及途径等方面,决定和引导活动的性质和发展方向;多样性健康有序的发展,有利于服务于其主导性,使其主导性作用更好的发挥,进而推动整个活动的健康发展。反之,多样性就会限制、束缚其主导性作用的发挥。

职业文化是主导性与多样性的统一表现为:

一是精神文化始终处于主导性地位。精神文化的核心是价值观,价值观在整个职业文化的建设中处于核心地位。它决定、引领着职业文化的方向,或者说,它回答想要建成一种什么样的职业文化。离开了它,其他形式的文化表现即便内容多样、形式丰富,它仍

---

① 张耀灿、郑永廷等著:《现代思想政治教育学》,人民出版社 2006 年版,第 200 页。

② 谢宏忠:《大学生价值观导向:基于文化多样性视野的分析》,社会科学文献出版社 2010 年版,第 55 页。

然缺乏支撑的"主心骨"。只有当职业文化将服务、服从职业人的全面发展这一主题、主线清晰地展示出来时,其他丰富多彩的文化活动才会"纲举目张"。

二是职业文化通过多途径、多形式发展。前面已有讨论,在职业文化的建设中,精神文化是核心,但其核心作用需要通过物质、制度、行为等外显的文化来表现和建设。文化环境的营造,制度规范的约束,行为文化的引导,可以多层面、全方位地将职业文化生动、具体地转化为职业人可看、可听、可行的生活样式。这样的文化"陪伴",才能使职业人在共同参与、创造一种有意义的生活中,领悟职业文化的真谛。

三是职业文化是一个整体,各要素相互影响。任何一种文化都有自身的结构,各要素之间相互作用。任何一个职业人都生活在一个文化"场"中,而这个"场"综合了各种文化要素。这些要素并不是孤立的、独自发挥作用的,而是通过不同形式的组合体现其内涵。而各种组合中,主导与多样的关系始终是一对矛盾,正是这一矛盾构成了职业文化的运动方式,使职业文化表现出多样性和丰富性。

二、现代职业文化的功能

"所谓功能,就是一事物或系统的外部属性和特征,即该事物或系统对他事物或系统的直接作用和影响,是一个系统整体在与外部环境的相互作用中表现出来的特殊能力。"①文化的功能,就是文化系统的对外输出,也就是文化对于自然界、社会和人等存在物所具有的特殊意义和作用。职业文化的功能,就是指由职业文化要素所构成的整体,在职业实践活动中对职业组织成员或在社会系统中所

---

① 崔新建:《试论文化的基本功能》,《探索》,1992(5)。

产生的影响和作用。

（一）价值导向功能

现代职业文化的导向功能最重要、最核心的体现在价值观引导，即围绕促进职业人的人性的丰富和完善，促进职业人的全面发展。具体如下。

1.职业文化要引导对职业人的主体性的培育

在市场经济和信息社会中生存和发展的职业人，他们的思想具有更强的自主性、独立性、创新性，现代职业文化更应重视他们的内在需求，鼓励他们的个性发展。一是增强职业人的主体意识。主体意识是指作为认识和实践活动主体的人对于自身的主体地位、主体能力和主体价值的认识和自觉。职业文化对职业人的主体意识培育，既要引导他们在国家富强、民族振兴中的主体地位和肩负的社会责任，又要引导他们正确认识个人与社会、个体与群体、自身与他人之间的关系。二是培养职业人的主体精神。主体精神是人们主动适应和改造自然与社会，主动认识与完善自身的心理倾向及行为表现。职业文化就是要培养职业人的自尊自重、自强自立的自主精神；奋发努力、积极向上的进取精神；勇于探索、勇于开拓的创新精神；团结互助、主动合作的协作精神。三是开发人的主体能力。主体能力是主体的人所具有的认识世界和改造世界的内在力量。职业文化既要引导、帮助人们从错综复杂的环境中接受积极影响，根据社会需要和自身条件选择自身成才和发展方向的选择能力，又要善于调节人际关系，从而使自身的主体性能够得到最大限度发挥。四是塑造人的主体人格。主体人格是人作为主体所具有的思想品德、心理素质和行为特征的综合。职业文化就是要引导人们确立正确的价值观念和崇高的人生理想，养成优良的道德品质，培养积极的情感和坚强的意志，形成全面发展的个性。

2.职业文化要引导对职业人创造性的教育

创造性是主体性发展的最高形式，培养、发展职业人的创造性是现代职业文化应追求的目标,或者说现代职业文化应以培养富有创造性的职业人为目标。职业文化对人的创造性的培育,一是价值观念引导。要努力使职业人树立正确的世界观、人生观和价值观,确立超越于现实功利的人生理想和信仰,培养探索未知、寻求真理、不懈追求的创新精神,为民族的发展和国家的富强发挥自己的创造力。同时要培养他们关爱人类、关心自然界的品质。二是创新精神培养。创新精神包括开拓进取精神、求真精神、探索精神、挑战精神、冒险精神、负责精神、献身精神等等,职业文化就是要引导职业人增强自己的创造意识,坚定自己的创造志向,坚决摒弃满足现状、不思进取、无事业心、无责任感、无使命感、消极被动的精神状态。同时,又注重完善自身的道德品质。三是意志品质锤炼。创造性活动也是高度复杂的意志活动,思想政治教育要帮助、指导人们锻炼坚强的意志品质,包括目的性、独立性、坚持性、耐挫性等。所有这些意志品质的养成,健康的职业文化氛围也是非常重要的。

3.职业文化要引导对职业人的可持续发展

"人的可持续发展"关注的是人的素质提升过程中的整体性、衔接性和递升性,职业文化就要在不断的人的全面发展追求或人的全面性塑造中努力发挥自身的作用,从而推进人的可持续发展。职业文化对职业人的可持续发展的引导,一是要用先进文化陶冶人们的情操,提高人们的境界,实现人们思想和精神的健康发展。人性是自然性和社会性的统一,也是物质性和精神性的统一。只有不断地进行思想教育和文化熏陶,人的可持续发展和社会的全面进步才有可能成为一种现实。二是努力挖掘人自身的各种潜力,真正实现人的充分、自主、自觉的发展。新的社会发展观、发展模式赋予当代职业文化新的意义,现代职业文化必须面向未来,以理想的人格、理想的规范来引导社会的发展。三是培育社会成员协调与优化人与自然、人与社会、人与他人以及个人自身内在各方面关系的能力,增强职业人的人生责任感和社会使命感。

(二)实践规范功能

学理上的实践规范功能,主要是指社会规范对实践主体实践行为的示导、制约和对社会精神整合等方面。人们的实践认识活动总是遵循着一定的实践规范的。实践规范既是人们过去行为的总结,也是人们未来行为的向导。

职业文化范畴中的实践规范功能,更多是指在职业岗位上,制度、规范等约束性文化对职业人行为的引导、规定。其功能具体表现如下。

1.行为目标设置功能

实践规范首要的和基本的行为导向功能在于它对于人们行为目标的选择、确立具有限定作用。职业人行为目标的选择,也是一种在个体理想和信念牵引下的价值判断过程。职业人行为目标的确立充满着自身的理想信念追求。职业人之所以是这样而不是那样设置自己的行为目标,是这样而不是那样确定自己的行为方式,这清晰地反映出,每个人的选择行为都是一种理性思维活动,而这种理性思维活动是以人们的自我意识、价值取向、理想信念等文化品性为基础的。个体的实践认识活动,首先是一个自觉地遵循已有的实践规范的选择过程。以往生活、工作、学习中所接受、积淀的实践规范成为自己行为的逻辑前提和选择基础。职业人在实践活动中所接受到的种种信息,经由实践规范的选择、组织和处理,便成为自己的行动计划和价值判断。不论是群体还是个体,既定的实践规范都具有先在性和前提性,都是作为已有的存在事实而被接受下来的,对职业人行为的目标设置有着限定制约作用。

2.行为方式融通功能

职业文化简单地说,就是职业人的生活方式,而这种生活方式中,无疑包含着职业人的交往活动。人们在交往过程中沟通信息、交流思想、融洽感情、协调行为等等。职业文化的这种交往融通功能,使职业人之间和谐交往,进而使得社会能够形成互助互信的人际关系,形成巨大的整体力量。任何一种文化都不是孤立产生的,而是在人与自然、人与社会、人与他人的关系中产生的,而文化的产生更加丰富了人与自然、人与社会、人与他人的关系。职业文化所呈现的交往中的双向融通性和互动性,也反映了职业行为对合目的性与合规范性统一的追求,体现了合理的实践规范的普遍价值和融通功能。

3.行为过程调控功能

实践规范好似人们行为的"调控器",它对人们的实践认识行为有着全方位、全时段的导向功能。它使得人们的行为过程总是受着一定的思维方式、价值取向和理想目标的制约,使得现实与未来、过程与目标、生活世界与意义世界、理想世界与价值世界融为一体。因此,先进的职业文化就是要引导员工通过在理想、信念、信仰、希望、未来等选择中,做出未来的职业和人生选择追求。同时,对不符合自身价值标准的实践规范自觉进行抵御、鉴别和批判。在任何时候、任何情况下都能给人以希望和未来向度的实践规范,才是最有价值的。职业文化同样需要培养一种"文化情节"。它是人们的文化特征和文化特质,使人获得了成为人的品格和人格特征、人格特质;亦是这种人格特质,使人们的行为模式和价值追求与社会提供的理想信念结合了起来,因而人们的行为模式渗透着并显现出社会理想信念价值追求的存在和功效。

(三)精神激励功能

精神激励是社会主体(社会、组织或个体员工)在一定的社会环境中,借助于精神载体(如思想、观念、情感、信念、荣誉、期望等)来激发启迪、塑造、诱导激励对象,引起被激励者在思想结构、精神状态、心理体验和行为方式等方面的变化,从而有效地实现激励者预期目标的过程。①

应该看到,一方面,市场经济在强化了人的物质需求意识的同时,也进一步强化了人的精神需求意识,但人的精神素质的培养、提高,要超脱物,通过交往联系实现,即通过精神激励来实现的。另一方面,生产力水平、成员构成和素质的变化更凸现了精神激励必要。人类进入了一个以知识为主宰的全新经济时代,员工是知识的承载者、所有者,知识的创造、利用与增值,资源的合理配置,最终都要依靠知识的载体——员工来实现。有必要从员工的特征出发,重构其精神激励新模式。

职业文化精神激励的功能体现在以下方面。

1. 通过培养、激发员工的需要,提高人的自觉性和精神境界

在满足员工的低层次需要的基础上,我们要尽力突出强化激发员工的高层次需要。精神激励是促使员工精神成长乃至成才的"兴奋剂"和"催化剂",它通过激发员工的一些高层次需要、抑制以至消除不合理需要、提高精神变革的意识和能力,使员工在这种精神互动中产生积极进取心,为形成良好的素质和更高的境界而主动向自己提出任务,进而进行自觉的精神修养、升华人格、追求至善至美的精神境界,使人不断地走向成熟,得到更大程度的自我发展和自我实现。

2. 精神激励有利于促进社会的和谐、持续的发展

精神激励通过有意识地构建员工的"精神大厦",净化员工的心灵,提高员工的精神境界,使二者获得共同发展。这种优秀的精神不仅能改变员工的一生、影响一个企业乃至一个民族的荣辱兴衰,甚至会改变整个人类的文明与发展。主要是由于这种精神资源的共享性,使其不受限制地向企业外部辐射,吸引更多的人迅速地学习和复制这种特定的精神资源,并且不断地实现增幅。通过这种整

---

① 申来津:《精神激励的权变理论》,武汉理工大学出版社 2003 年版,第 86 页。

合方式使整个社会的精神不断地从多样走向统一、从分散走向集中、从分化走向融合，有效地促进整个社会精神面貌的重构与发展，从而形成人人各尽所能而又和谐相处的社会。

3.精神激励对于个人发展具有终极目的性的作用

人类不断向更高的目标前进，无论是对物质生活还是对精神生活的追求，归根结底都是为了"幸福"——良好的生存环境、人本身良好的生存感受和体验、人自身的和谐与幸福，成为人类活动的真正目的，也是社会发展的目的。人不再是其他外在目的的工具或手段。员工既是发展的第一主角，又是发展的终极意义。实现自我成为人们关心的首要问题。所以精神激励不仅为实现企业目标服务，更要使每个员工的潜在的才干和能力得到充分发展，使激励目标由"为物"转向"为人"。通过精神激励，增强员工的主动性和自觉性，实现情与理、动机与效果的有机统一，从根本上帮助构筑人的精神世界，追求至善至美的人生境界，调动员工的内在动力，不断增强自身的综合实力，不断提高自身的综合素质，促进人的全面发展，达到强根固本之目的。

(四)素质培育功能

素质的一般定义为：一个人文化水平的高低、身体的健康程度以及家族遗传于自己惯性思维能力和对事物的洞察能力、管理能力和智商、情商层次高低以及与职业技能所达级别的综合体现。

职业文化对人的素质的培养主要体现在对职业人的职业素质的培养上。职业素质是指从业者在一定生理和心理条件基础上，通过教育培训、职业实践、自我修炼等途径形成和发展起来的，在职业活动中起决定性作用的、内在的、相对稳定的基本品质。由于职业是人生意义和价值的根本之所在，职业生涯既是人生历程中的主体部分，又是最具价值的部分。因此，职业素质是素质的主体和核心，它囊括了素质的各个类型，只是侧重点不同而已。

职业文化对职业素质的作用和影响,主要体现在对职业人高尚职业道德的培养、扎实专业素养培育和正确职业价值观的确立。

1.高尚的职业道德培养

具有职业道德感的人能够有效地自我激励,并将努力工作看作是有价值的、有意义的追求。职业文化就是要教育和影响员工,一是忠于自己的职业。作为一个优秀的职业人,他的每个行动都要对职业本身所负责,也必须乐意对由自己的行为所带来的后果负责。二是要忠于自己的企业。企业是自己的生存的空间,也是成长和施展才华的重要舞台。强烈的企业归属感能够让自己融入企业的文化,自愿并主动地去思考和解决在企业中遇到的问题。三是要忠于企业的顾客。如今的企业竞争,已经上升到了对顾客满意度的永恒追求,因此,职业道德常常体现在对顾客服务的点滴之中。

2.扎实专业素养培育

职业文化首先要引导员工对环境的适应能力,包括工作环境的适应、人际关系的适应以及对工作本身的适应。从角色学习论的角度出发,对大学生而言,就是要适应由学生向职业人的转型。其次要形成一种学习型文化,培养员工终生学习的习惯,只有通过不断的学习,才能保证员工不断提升自己的专业素养。最后要不断发展创新精神。这是对已有知识的灵活应用,是对新途径的自我探索。

3.正确职业价值观确立

职业文化对人的职业价值观的影响是多方面的,这里所说的是指职业文化最核心的精神文化对职业人的职业尊严和意义的追求。通过培养和提高职业尊严和意义追求,可以不断地培养职业人的敬业精神、主人翁精神,而通过这种敬业精神和主人翁精神的渗透和影响,又使职业人的价值取向和职业观发生积极变化,从而激发他们对职业的价值功能的体认,自觉把职业活动与自身完善和发展联系起来,做到职业发展和人的发展的和谐统一。只有确立了正确的价值观,即使当一个人面临困难的职业选择的时候,他都不会放弃职业中至关重要的东西，因为左右它的是深深扎根于内心深处的职业价值观和人生追求，而不是金钱、地位、环境等其他因素。

三、现代职业文化的价值定位

（一）现代职业文化的社会价值

1.政治价值

任何一个社会成员在从自然人向社会人的过渡中，必然经历社会化的过程。只有经过社会化才能使外在于自己的社会行为规范、准则内化为自己的行为标准。社会化是全方位的，其中政治社会化是其中的重要内容。政治社会化是人们学习政治知识和技能的过程。其中包含了两个方面的内容：一方面，从社会成员个体的角度讲，政治社会化是一个人通过学习和实践获得有关政治体系的知识、价值、规则和规范的过程，通过这种学习和实践，一个自然的人转变成为一个具有一定政治认知、政治情感、政治态度和政治倾向的社会政治人；另一方面，从社会整体的角度讲，政治社会化是一个社会将政治文化（普遍的政治知识、价值、规则和规范等）通过适当的途径广泛传播过程，通过这种传播，社会中人们所具有的政治认知、政治情感、政治态度和政治倾向传授给新一代社会成员。

一个社会的职业文化正是在一个范围内、在某些方面，承担着职业人的政治社会化的功能，从而体现着它的政治价值。

"政治价值是人们基于自身需要和利益对于社会政治现象所作出的评价、选择和所表现出来的情感倾向，它给人们提供有关美好的、善的和应该的等一系列观念和知识，帮助人们确立一定的政治理想和政治信念，提供社会政治生活的一般准则以及评价政治现象的标准。"①政治价值是一种系统存在,它首先是一种观念,是人们在社会生活中逐步积淀、升华而形成的反映政治价值关系的各种具体见解、观点和态度。政治价值观念一旦形成或被接收,就反作用于人的政治活动过程,成为对人们政治活动起导向作用的知识背景和思维框架,直接影响着人们的政治态度和政治信念,从而也制约着人们对于政治生存样式和政治行为模式的选取。

当今的中国正处在全球化和社会转型的复杂时期,经济、政治、文化等社会各个层面的变化都会渗透和投射到人们的价值观念中,使其面临传统、现代和后现代多元价值观念的冲击和挤压,在这一过程中,如何形成社会共识、普及社会主流价值和加强民族认同的政治价值观,是我们面临的基本任务。一个社会占主导地位的文化都有其自身相对独立的思想价值观念和规范体系,它通过对其他非主导地位的思想、文化的整合和统一,逐渐使整个社会的所有价值观达到趋同,进而使社会的所有成员都能遵循共同的行为规范和思想信仰。社会主义核心价值体系是社会主义制度的内在精神和生命之魂,是社会主义意识形态大厦的基石,没有社会主义核心价值体系的主导,整个中国特色社会主义建设就会迷失方向、失去根本。我们所说的职业文化的政治价值,就是要通过它的特殊的方式和内容,发挥它在传播、实践社会主义核心价值观念中的作用,用社会主义核心价值影响职业人的政治态度和政治信念,从而达到传播政治精神、明辨政治是非、导引政治行为、维护政治稳定的作用。也使职业人在健康向上的职业文化的长期熏陶、教化、培育中,在思维习惯、情感表达、价值追求、道德信仰上逐渐趋同,从而形成社会共同心理素质。

2.经济价值

职业文化的经济价值,是指它以自己的属性与功能满足社会发

---

① 万斌:《万斌文集》(第四卷),政治哲学,杭州出版社 2004 年版,第 111 页。

展经济和劳动者创造物质财富需要的效益关系。职业文化的属性与功能主要体现在通过提高劳动者的思想素质和职业道德素质培养出高素质的经济建设人才。

一是帮助劳动者树立理想信念。职业文化重要价值之一就是能够通过理想教育，帮助劳动者树立理想信念，解决劳动者为什么劳动的问题。"理想是人们在实践中形成的对未来的一种向往和追求，是有实现可能的人生奋斗目标。"①职业文化将二者结合起来对劳动者进行理想教育，帮助劳动者树立科学合理的理想信念，引导他们将自己所从事的本职工作与远大的理想相结合，确立自己的成长目标，鼓励他们为实现目标而进行自我教育、努力学习，自觉提高自身素质。为此，职业文化通过劳动者所在集体组织，结合集体的具体任务和发展目标，针对不同的劳动者，采取不同的教育形式对他们进行理想教育，引导他们立足本职岗位，做好本职工作，为实现共同理想而奋斗。

二是培育职业道德素质。职业道德素质是指劳动者在先天素质的基础上，经过教育和实践锻炼所形成的爱岗敬业、诚实守信、办事公道、服务群众、奉献社会等优秀的职业道德品质。职业文化一是通过引导劳动者爱岗敬业，形成对本职工作的强烈荣誉感。使劳动者认识到，社会的各行各业都是社会事业的重要组成部分，在每个岗位工作的劳动者都是为社会经济建设服务，要以强烈的责任心做好本职工作。二是通过引导劳动者诚实守信，强化责任感。要让劳动者认识到诚实守信是社会主义市场经济正常运行必不可少的条件，从而自觉进行身心修养，确立诚实守信的品格和境界，形成有利于经济进步的道德环境和心理环境。

三是强化思想品德意志。劳动者的意志，主要是指劳动者的思想道德意志，它是指劳动者在追求自己的理想目标、实践工作任务

---

① 　陈万柏、张耀灿：《思想政治教育学原理》，高等教育出版社 2007 年第 2 版，第 188 页。

的过程中表现出来的自觉克服一切困难和障碍的毅力勇气。具体表现在激励人们去从事有助于达到预期目标的肯定性行为和抑制不利于达到某种预定目标的否定性行为。社会实践是人活动的"场"。劳动者只有投身于具体的经济活动,并在活动中遇到实际困难和障碍的过程中,才能主动地分析困难,掌握克服困难的方法,锻炼突破障碍的意志。职业文化就是寓"精神性"要求于"物质性"经济活动中,寓对劳动者的文化渗透于克服困难和障碍的坚强意志磨炼中。

四是激发工作积极性。劳动者的积极性是指劳动者的思想道德素质、情感、劳动态度和劳动纪律、事业心、责任心等状况的综合。激发劳动者的积极性和创造性包含两个方面,一是促进提高劳动者的积极性;二是消除损害劳动者积极性发挥的因素。促进提高劳动者的积极性,是指职业文化作为一种精神资源,具有提高劳动者的思想道德素质,满足劳动者的需要来焕发劳动者的积极性的作用。首先,劳动者的思想道德素质对劳动者积极性的发挥有直接的影响。劳动者的思想道德素质决定其劳动态度和责任感的状况,影响生产过程中劳动者之间良好人际关系的形成,这些因素都是影响劳动者积极性的重要方面,其好坏程度直接影响生产力的状况。其次,劳动者需要得到满足的程度影响其积极性的发挥。这里的需要指的是劳动者的劳动需要和精神需要。一方面,通过了解和适应劳动者的劳动需要激发积极性。由于受社会地位和价值观的制约,劳动者的劳动积极性会受劳动需要和劳动目的的影响,当劳动需要与社会需要相一致时,劳动者就会付出高的劳动热情,创造劳动成果。另一方面,通过满足劳动者的精神需要激发积极性。物质激励和精神激励是影响劳动者积极性发挥的两大类因素,随着人们的物质生活水平的提高,物质利益要求作为积极性的激励因素和经济发展的动力,其"边际效应"会逐渐降低,相反,精神利益要求的"边际效应"则会逐步增长,直至劳动者的精神利益需要成为比物质利益需要更重要的积极性激励因素。可见现时代精神需要被满足的程度越高，越能激发劳动的积极性。职业文化属于精神范畴，是满足人们精神需要的重要手段。

3.文化价值

现代职业文化作为文化的有机构成，以它自己的独特内涵丰富发展了现代文化，从这个意义上说，现代职业文化还具有重要的文化价值，现代职业文化实现了职业文化和文化的职业化。

职业文化可以从三个方面来理解：

一是职业主体不是作为一种工具的存在，而是作为"人"的存在。从某种意义上说，任何一个职业人总是为一种实用价值或者说具体的目标而存在的。医生的存在是为了治病，工人的存在是为了生产产品，商人的存在是为了产品的流通等等。因此，职业人的第一特征必定是和他的岗位性质相联系的。但是又不能忽视，职业人和服务对象同样是具有七情六欲、鲜活的人，因此，我们赋予职业岗位的特点就不能只是冷冰冰、没有感情色彩的。

二是现代职业岗位创造的成果不仅是一种使用价值，而且包含着文化价值。应该说，职业岗位创造的成果不管是有形的还是无形的，首先是一种使用价值，但又不仅是使用价值。随着社会的发展和人的发展，人们的劳动创造已经不满足于单一的有用性，同时又对满足自身的其他需要如审美需要提出了越来越高的要求。因此，人们的劳动创造不仅创造出实用价值，也创造出文化价值。

三是评价现代职业岗位的价值，人们将越来越注重其文化内涵。也就是说，人们对现代职业岗位的评价，越来越从文化的角度，用文化的标杆来判别岗位的价值，而不仅仅只是对数量、产值的要求。比如对岗位的环境文化要求。一个职业人在怎样的环境中工作，既反映出企业家、企业对企业文化的认识，企业文化的建设水平，也能反映出职业人的文化素养，反映出企业对劳动成果文化追求。

文化职业化同样也可以从三个方面理解：

一是文化的本质特征通过职业岗位体现出来。由于文化本身是由若干个子文化构成的，因此，子文化与母文化之间，显然是共性和个性的关系。母文化的本质特征要通过子文化来反映，子文化总是从某些方面反映母文化的属性。显然，文化的特性，如继承性、社会性等特征都会在职业文化中反映出来。

二是文化对职业的渗透更表现出对"应然"的呼唤。因为文化的核心是精神性追求，因此它最大的特点是指向未来的，因此，由文化的特征所决定，一方面职业文化表征现实的需要，同时又不会满足于现实的需要，总是会提出更高、更长远的要求。也只有在未来的昭示下，职业文化才能立足于当下，但目光始终远望未来。

三是文化对职业岗位的塑造更突出整合的要求。在文化的视野下，职业岗位的价值不只是单一的，而是复合的；它承载的文化使命既有表象的，也有内涵的，文化的构成要素物质文化、制度文化、精神文化、行为文化，也都在职业文化中实现具体的表现方式。

4.管理价值

狭义地理解管理与职业文化，它们显然属于两个不同的工作领域，二者在性质、功能、目标、内容、手段、途径等许多方面都有显著的区别，但二者又是相通的，具有内在的一致性，你中有我，我中有你，相互支持，相辅相成。随着现代管理科学走上所谓文化管理的新阶段，二者之间的交互渗透、交互作用就愈加凸显。

管理是运用法律、法规、制度、政策、行政手段和经济手段等来实现管理，称为硬管理、刚性管理；文化是通过启迪和陶冶，改变人们的思想观念、提高思想政治道德素质来实现管理，称之为软管理、柔性管理。职业文化之所以成为重要的管理手段，从根本上来说，是由其本质所决定的。任何管理，都是由管理者与被管理者共同参与完成的，即由人来实施的，而人都有其各自的需要、利益和追求，不同的思想觉悟和工作动机，与社会、行业、企业的管理目标不可能完全一致，甚至很不一致，搞好对人的管理即教育尤显重要。职业文化建设的目的，就是通过影响和制约人生观、价值观、道德追求、政治倾向，从而掌控人的工作动机和主动性、积极性的总开关。因为在人的管理之中，首要的和根本的又是对人的思想的管理，思想管理与组织管理、技术管理等相结合，才有科学的、有效的人力资源管理。

职业文化的管理价值，具体表现在：其一，为人们精神世界的价值导向系统，为人们"应该如何行为"提供了价值理念上的共识，有利于规避人际摩擦和组织内耗，从而大大提高管理的效率。其二，思想政治教育有利于实现管理中效率要求与情感需求的动态平衡，是落实人本主义管理的原则和方法的有效途径。一方面，职业文化建设把提高生产效率和工作效率作为重要目标；另一方面，它强调管理中要尊重人、理解人、关心人、帮助人，坚持以人为本，促进人的全面发展。把职业文化贯穿于管理过程中，对实现人本管理有重要保证作用。其三，职业文化通过人文精神的播散与教化，不但使管理者具备一定的人文素养，更主要的是确立了管理文化理念，催生了现代企业伦理、工作伦理和职业道德，使管理获得了广博深厚的文化价值依托。

（二）现代职业文化的个体价值

现代职业文化的个体价值是指对于作为个体的职业人的发展的意义和作用，包括对人的思想、心理、情感、素养乃至人生发展的意义。它着重从相对微观的领域分析职业文化在人类个体成长过程中的积极影响，探究在职业岗位上提高人们思想道德素质、完善职业人格、最大限度发挥人的主观能动性、开掘人的内在潜能的文化路径。

1.研究职业文化对个体价值的意义

(1)把"以人为本"的发展观落实在个体的人的发展中。

人的需要和利益是马克思主义人学中的核心概念,研究以人为核心的职业文化离不开人的需要和利益。

什么是需要?陈志尚主编的《人学理论与历史·人学原理卷》一书中指出:"需要是指生命物体为了维持生存和发展,必须与外部世界进行物质、能量、信息交换而产生的一种摄取状态。这种状态,一方面表示了生命物体对外部环境的依赖和需求,另一方面也表达了生命物体对周围事物具有做出有选择的反应的能力,以及获取和享用一定对象的生理机能。如果从生理上讲需要就是欲望,那么反映在心理上,需要就是希望、愿望和要求。就是生命物体为了自我保存和自我更新而进行的各种积极活动的客观根据和内在动因。"[①]

在马克思看来,"在现实世界中,个人有许多需要"[②]。他把人的需要大体分为四个方面:

首先,物质生活和物质利益的需要是人的第一需要,即最基本的需要。

其次,精神文化的需要是人的基本需要之一。

再次,劳动的需要和交往的需要既是低层次需要,更是高层次需要。

最后,人的价值全面实现和人的才能全面自由发展的需要是人的最高层次的需要。

职业文化的建设和发展主要是为了满足个体的精神需要,进而服务于个体的价值实现。

(2)个体的精神需要是职业文化发展的内驱力。

首先,人的精神需要和精神利益在一定程度上决定着职业文化建设的合理性。任何一种文化的出现和发展都有其客观必然性,或

---

① 陈志尚主编:《人学理论与历史·人学原理卷》,北京出版社2004年版,第193页。

② 马克思、恩格斯:《德意志意识形态》,人民出版社1961年版,第316页。

者说存在的合理性,而其关键在于它能否合乎人的本性,能否满足人的需要。职业文化因人的需要而存在,正是由于它能满足"职业人"个体的精神需要,推进人的全面发展,因此也就具有存在的合理性。

其次,人的精神需要和精神利益直接决定着或者影响着职业文化建设的实效性。职业文化是否具有实效性,具有多大的实效性,主要取决于这种文化本身能在多大程度上为人提供自身生存和发展所需要的精神动力、精神支柱、精神安抚等功能,能在多大程度上满足人的精神需要和精神方面的利益诉求。只有能够或者说基本上能够提供这些需要,基本上满足人的精神需要和利益诉求的职业文化才具有存在的合理性和必要性,更重要的还在于具有实效性。

再次,人的精神需要和精神利益的变化发展直接推动着职业文化建设的变化发展。世界上没有永恒不变的人性,也没有永恒不变的人的需要。同样,人的精神性需要和利益追求也是不断随着时代的变化和社会的变更而不断变化发展的,这就决定了职业文化建设的内容和方式也必然随之变化发展的。如果职业文化的建设固守陈旧的模式而游离于时代之外,那么它将失去实效性,进而丧失存在的合理性。因此,职业文化既要伴随社会的主流文化而发展变化,更要随着现实生活中职业人的精神需要和利益变化发展而变化发展。

2.现代职业文化个体价值内涵

现代职业文化个体价值的核心是促进人的全面发展,其具体内容有以下几方面:

(1)提升职业尊严。职业尊严是指人从事某种职业,所拥有应有的权利,并且这些权利被其他人所尊重。现代社会分工细密,每个人都可能归属于某个职业群体,也许有的职业光彩照人,有的职业相对沉默;有的职业人们趋之若鹜,有的职业可能少人关注,甚至闻所未闻。但不论哪一种职业,都是社会正常运转的有机组成,职业的尊严不因其曝光度、知名度、收入高低而有所损益。职业或有不同,但每一种职业都值得尊重,在尊严的天平上,每一种职业都是平等的。

职业尊严是一种很强的职业道德感,具有职业道德感的人能够有效地自我激励,并将努力工作看作是有价值的、有意义的追求。职业尊严的培养来自于职业人强烈的职业意识和意义享受。这种意识是那种在实践活动中对人起动力作用的个体倾向,包括需要、动机、兴趣、思想、信念和价值观等心理成分。有了职业意识,就会培养起对职业的尊严感和自觉追求,并逐渐成为其内在需要,乃至创业活动中所必备的心理状态和动力。通过培养和提高职业尊严和意义追求,还可以不断地培养职业人的敬业精神、主人翁精神,而通过这种敬业精神和主人翁精神的渗透和影响,又使职业人的价值取向和职业观发生积极变化,从而激发他们对职业的价值功能的体认,让他们把自己的职业活动与自己的完善和发展联系起来,做到职业发展和人的发展的和谐统一。

(2)丰富职业情感。职业情感是指人们对自己所从事的职业所具有的稳定的态度和体验。有强烈职业情感的人,能够从内心产生一种对自己所从事职业的需求意识和深刻理解,因而无限热爱自己的职业和岗位。

职业情感分为三种层次。第一层次是职业认同感。马斯洛对职业情感论述的比较多,认为职业情感是一种"生理需要、安全需要"。按照奥尔德弗的说法就是"生存需要"。一个人无论从事什么职业,首先能在社会上立足,能得到基本的生活保障,这是最基本的需要。一种职业只有提供了最基本的工资待遇、生活福利等生存保障资源,这种职业才能被人们所接受,人们才会从情感上去认同它、接纳它。这是最基本的职业情感,它决定着更高层次职业情感的养成。第二层次是职业荣誉感。人是社会关系的总和,人通过自己从事职业与社会发生关系,并通过社会对其从事职业的价值认定,来感受个体的生存价值。一种职业只有被社会大众所称道，并形成良好的职业舆论与环境氛围，作为从事这种职业的个体才会感到无比的荣耀，才会从情感上产生对这种职业的归属感和荣誉感。这种职业荣誉感的形成，有赖于社会建立合理的价值观念和个体树立正确的职业价值取向。同时，这种职业情感是更持久、更深刻的情感，它是把人的内心思想化为实际行动的"催化剂"，"为荣誉而战"成为这种情感最集中的表达方式。第三层次是职业敬业感。人的生命的价值，根本而言就在于他职业生涯方面的贡献和成功。当我们把它视作深化、拓宽自身阅历的途径，把它当作自己生命的载体时，职业就是生命，生命由于职业变得有力和崇高。所谓职业敬业感，是源自人性深处的一种渴望，本质上是对自己生活与生命的自重自爱。这是最高层次上的职业情感，只有处于这种情感支配下的个体，才能时刻保持昂扬的精神状态，才能最大限度地发挥个体潜能，使自己的职业生涯更加完善。

职业文化的责任就是要培养积极的职业情感。从业者从自身工作的社会意义和性质上去认识职业，不计较个人得失，怀有满腔的热忱和执着爱心，并善于克服各种困难，表现出强烈的职业责任意识，并能以极大的精力付诸行动。积极的职业情感对个体履职尽责行为有重大的动力和强化功能，表现在外就是对职业的赞扬、热爱、尽力和完善等，"引诱"个体不断激发内心本能，散发个体潜能，以良好的心态、稳定的情绪和的意志，努力实现客体职业与主体生命的完美结合。这是我们在实际工作当中，应着力培养的职业情感，它是符合时代形势和人类发展需要的积极的情感。

（3）完善职业人格。职业人格是指人作为职业的权利和义务的主体所应具备的基本人品和心理面貌。它是一定社会的政治制度、物质经济关系、道德文化、价值取向、精神素养、理想情操、行为方式的综合体。它既是人的基本素质之一，又是人的职业素质的核心部分。职业人格是一个人为适应社会职业所需要的稳定的态度，以及与之相适应的行为方式的独特结合。职业人格由个人的生活环境、所受的教育以及所从事的实践活动的性质所决定的。良好的职业人格一经形成,往往能使职业观成为一种自觉的行为表现,反映在行动上表现出有自制力、创造力、坚定、果断、自信、守信等优良品质。健全的职业人格是人们在求职和就业后顺利完成工作任务,适应工作环境的重要心理基础。职业人格的培养是一个人的综合素质与外界社会环境对人们职业规范要求的有机统一过程,是一个复杂的系统工作,需要全社会的共同努力。

职业文化在完善健康的职业人格的过程中发挥重要的作用。一是树立正确的职业观。正确的职业观才能使人们从自身的世界观、人生观及价值观出发,对职业这一特定社会活动形成正确的认识、态度、看法。二是形成良好的职业性格。比较稳定的个性心理特征能够很好地帮助从业者选择对客观现实的态度以及与之相适应的行为方式。高度的责任心、团结协作、认真细致、勤奋好学、坚毅自信、严于律己等特点,对从业者综合职业能力形成与提高有着极大的推动作用。三是培育积极的创新意识。创新强调的是个性的发展,从某种程度上说,没有个性就没有创新,没有特色。因此,积极主动的创新意识、创新精神和创新能力是健康职业人格不可缺少的一部分。四是增强社会能力。较强的环境适应能力、人际交往能力、团结协作能力等,既是一个人完成职业岗位要求的基本素质,也是一个人生存与发展的必备条件。

(4)提升人生境界。

人生境界,也即是一种文化境界、道德境界。从文化学的观点看,道德教育的目标即是个体人生境界的提升。

中国有一个强调人生境界追求的文化传统。从孔孟老庄到程朱陆王到现代的儒家,都很重视人生境界的追求。他们所说的人生境界,一般是指一种个人道德和知识修养的境界,或者是具有了一种道德和知识境界后对理想社会的追求。在他们看来,个人道德修养和知识修养在人生境界中是混沌不分的。

新儒学的一位代表人物冯友兰认为,中国哲学史的"真精神"就是境界说。他认为"不同的人可以做相同的事,但是根据他们不同程度的理解和自觉,这些事对于他们有不同的意义。每个人各有自己的生活境界,与其他任何人的都不完全相同。不过撇开这些个人的差异,我们可以将各种不同的生活境界划分为四个概括的等级。从最低的说起,它们是:自然境界、功利境界、道德境界、天地境界。"①从冯友兰的对四种境界的意义界定中不难发现,自然境界恰好与道德发展的无律阶段相互符合,功利境界与他律阶段相符,道德境界与自律阶段相符,而天地境界正是自由境界。也就是说,人生境界的依次递进与皮亚杰等人所阐述的个体道德认识发展的完整顺序:"无律——→他律——→自律——→自由"的逻辑顺序相符。

无论是道德认识,还是人生境界,他们的发展都因循着一种内在的逻辑。(与皮亚杰的道德发展观相似,冯友兰也认为,人生境界的递进是从低到高依次递进、不可跨越的。)因此,道德教育或人生教育也必须在受教育者当时的发展水平的基础上循序渐进,使受教育者沿着发展的逻辑规定而逐步提高。

现代职业文化对人生境界的提升作用同样也是沿着一条从低到高、由表及里的路径逐步推进的。具体说:

环境文化构建的职业氛围,使人在耳濡目染中接受陶冶。一个职业人首先进入的是一种环境,环境的构成是对人的第一影响源。环境对职业人的影响更多的是职业意识的形成。当然,职业意识的形成不是突然的,而是必须经历一个由幻想到现实、由模糊到清晰、由摇摆到稳定、由远及近的产生和发展过程。营造良好的职业环境氛围,使职业人在潜移默化中不断增强职业意识、职业光荣感和使命感,对更好地适应职业岗位、提高工作水平具有十分重要的意义。

---

① 冯友兰:《中国哲学与未来世界哲学》,《哲学研究》,1987(6),第42页。

制度文化构建的导引机制,使人在理性纠偏中规范行为。职业文化的规范作用从本质上说,是对相同职业文化环境下的人建立起一套约束人的标准,每个生活于期间的人都必须遵守这种标准。对一个组织来说,制定规章制度是必要的,但是即使有了千万条制度,也很难规范每个员工的行为。职业文化通过特有的规范体系,使人们认识到在特定的职业位置上所应享有的权利和应尽的义务,从而形成人的社会角色意识,使个人的活动与社会的要求协调一致。因为职业文化能使信念在员工心中形成定势,形成心理自治机制,所以这种机制可以缓解自治心理与被治心理的冲突,削弱心理抵抗力,从而产生更强大、深刻、持久的约束效果。

精神文化构建的价值目标,使人在意义感召下提升追求。现代职业文化就是要满足个体对健康、美好、成功、圆满人生需要。其核心是科学人生观的树立。其主要内容包括人生理想和人生目的的树立、人生态度的确定、人生境遇和人生竞争的应对等,一句话,就是对人生质量的把握。关照人生质量的价值是现代职业文化需要动机的起点和基础。从这个意义上,现代职业文化关照个体人生质量的价值实现与否以及实现的程度,影响受教育者对职业文化本身属性的认识,是营造良好文化环境的关键所在。

(三)职业文化社会价值与个体价值的关系

对现代职业文化价值作社会价值和个体价值的划分,是依据马克思主义关于人与社会的关系原理,是这一原理在文化领域的具体运用。马克思主义认为,人是社会的基础,社会是个体的人的有机统一体。社会的发展以人的发展为根本基础,社会的发展又促进人的发展。而只有作为个体的人的发展在方向上与社会的发展要求取得一致,社会与人的发展才能求得双向促进的良性循环。职业文化的建设者和受用对象最终只能是个体的人,而个体对事物价值的考量从思维习惯上总是以自我为中心,然后作由"我"到"他"到社会的放射形展开,特别是面对当代"主体性回归"的客观现实,仅从社会整体的角度论证现代职业文化的价值显然是不全面的。而社会价值和个体价值的理论分野,不但全面肯定现代职业文化在整体社会结构中的价值,而且贯彻落实到职业人的个体价值关怀,有宏观的整体把握,又有微观的个体关照,在实践中具有更大的现实意义。

应该说现代职业文化的社会价值和个体价值是相互融合和辩证统一的。社会价值以个体价值为基础,职业文化的个体价值缺失,其社会价值也就成为空中楼阁、无源之水;而个体价值又以社会价值为最终归宿,职业文化的个体价值如果不与社会价值实现内在的统一,个体价值也必然失去意义。德鲁克在《自我管理》一文中,在谈到组织与个人的关系时说:"组织与人一样,具有价值观念。一个人要在一个组织中获得成果,其价值观念必须与该组织的价值观念相容。这两种价值观念不必相同,但必须接近得足以共存。否则,这个人将不仅遭受挫折,而且还将不出成果","如果一个组织的价值观念体系是不可接受的,或者是与一个人自己的价值观念不相容的,在这个组织中工作势必使这个人不是遭受挫折,就是碌碌无为"。① 具体说,第一,职业文化社会价值是个体价值的验证。职业文化的本质特性及功能,从理论上讲,就是能够满足人对思想或精神的客观需求,帮助职业人形成正确的思想品德,提升个体综合素质,促进个体的全面发展,体现出重要的个体价值。然而,在职业人尚未将这种思想意识外化为自觉的行动作用于社会并由此产生实际的推动社会全面发展的积极效应时,职业文化的个体价值只是一种潜在的、可能的价值存在。只有职业文化对人的促进在实践中转化为对社会发展的促进,实现了职业文化的政治、经济、文化和管理价值,其个体价值才能获得外显的形式,确证为现实的价值存在。第二,社会价值和个体价值相互包含、内在统一。在中国特色社会

① [美]德鲁克:《德鲁克谈自我管理》,《新华文摘》,2002(2),第 162 页。

主义条件下,人民是国家和社会的主人,文化建设也是满足人民利益的重要内容,人民的利益是衡量我们一切工作的根本标准,社会利益和个体利益根本上是一致的。从某种意义上说,职业文化的社会价值也包含个体价值在内,对整个社会有利的事,当然也对每个人有利。而个体思想道德素质的提高和全面发展,本身就是中国特色社会主义文化所要追求的目标。

当然,职业文化社会价值和个体价值的统一性并不意味两者的完全重合等同,或可以互相取代。两者在价值主体、满足方式、具体目标、价值表现及价值要求等方面是有所区别的。如果在职业文化建设中只讲社会价值,少讲或不讲个体价值,用社会价值取代个体价值;或是只强调个体价值,少讲或不讲职业文化社会导向和要求,都是违背职业文化建设的基本原则的,也不能全面把握职业文化的价值,不利于职业文化价值的实现。在职业文化的价值中,社会价值是主要方面,起主导作用,但如果抛开个体价值而孤立地谈社会价值,这种价值就会变得抽象,职业文化也就成为与个体毫无关系的外在东西,这样的文化建设就很难引起人们的接受需要和共鸣,不能产生持久强大的参与动力。

总之,职业文化社会价值和个体价值内在的本质的统一性,要求我们在具体的文化建设过程中,将两者有机地统一起来,通过职业人思想道德素质的提高和自身的全面发展促进社会政治、经济、文化和管理建设;通过中国特色社会主义社会的全面进步和发展为人的全面发展开辟广阔的前景和道路,在人与社会的互动和协调发展中,全面实现职业文化的价值。

第三章 当代中国职业文化的深层透视

改革开放 30 多年来,随着我国经济成分和经济利益的多样化,各种新兴职业和职业组织如雨后春笋般在中国大地不断涌现。在经济全球化背景下,中国的经济成就震撼了世界,但同时在职业领域出现的各种矛盾也日益凸显,并在一定程度上影响了经济社会发展,也影响了职业人自身的全面发展。职业文化是现代化发展的必然诉求,这意味着中国的现代化发展历程必须重视职业文化建设。但当代中国的职业文化现实状况究竟如何? 我们在推进现代化转型的过程中又需要什么样的职业文化作为支撑? 如何在社会主义文化大发展大繁荣的背景下建构中国特色的现代职业文化? 这些问题的回答都必须立足于中国现实,必须对当下的中国职业文化建设现状有一个准确的深层透视和客观理性的分析诊断。

一、当代中国职业文化建设成就扫描

(一)职业道德建设得到加强

道德是人类社会生活中所特有的,由经济关系决定的,依靠社会舆论、传统习惯和人们的内心信念来维系的,并以善恶进行评价的原则规范、心理意识和行为活动的总和。一般社会道德在职业生活中的具体体现即是职业道德,是人们在职业生活中应遵循的基本准则与规范,是职业品德、职业纪律、专业胜任能力及职业责任等的总称。职业道德建设一般是指社会依据职业发展的需求,按照职业道德的原则对从业人员进行相应的职业道德教育,使其形成符合本行业的职业道德规范、行为准则以及职业良心的社会实践活动。

我国是个历史悠久的文明古国,在中国的传统文化中,我们向来强调人的德行,以德为先、德才兼备历来是我们用人、选人的标准,也是个人成长发展的人生目标。新中国成立后,我国政府非常重视职业道德建设。采取和平赎买的方式对农业、手工业和资本主义工商业进行了社会主义改造,并把资本家改造成为自食其力的劳动者,在职业道德建设中,强调全体社会主义劳动者都要为社会主义服务、为人民服务,人民的劳动积极性被极大激发。从新中国成立到改革开放前,涌现出了一大批各行各业的劳动模范和先进典型。比如 20 世纪 50 年代的"宁肯一人脏、换来万人净"的环卫工人时传祥、"宁肯少活 20 年,拼命也要拿下大油田"的石油工人"铁人"王进喜,20 世纪 60 年代的"出差一千里,好事做了一火车"的革命军人雷锋、"两弹元勋"邓稼先,20 世纪 70 年代的"知识分子的杰出代表"蒋筑英等,成为激励各行各业人们投身社会主义建设的强大精神力量。

改革开放以来,我国政府非常重视在经济社会快速发展的条件下,要加强社会道德建设。20 世纪 80 年代,邓小平明确提出了要"两手抓",一手抓物质文明,一手抓精神文明。1986 年党的十二届六中全会通过的《中共中央关于社会主义精神文明建设指导方针的决议》中就明确指出,我们社会的各行各业,都要大力开展职业道德教育。特别是 1992 年我们开始社会主义市场经济体制改革以后,根据经济社会发展的新情况、新形势、新要求,党和政府出台了一系列文件、决议,就加强和发展当代中国社会的职业道德做出了一系列的部署安排。1992年党的十四大明确提出我国经济体制改革的目标是要建立社会主义市场经济,大力发展市场经济为职业道德提供了物质基础,而职业道德建设成功与否,又直接制约着社会主义市场经济体制发育的轨迹和速度。随着改革开放的深入和市场经济体制改革的推进,一些人的价值观开始出现偏差,针对这一时期职业道德出现滑坡现象,党的十四届六中全会指出,加强职业道德建设、纠正行业不正之风是当前工作的重点,并提出职业领域应"大力倡导爱岗敬业、诚实守信、办事公道、服务群众、奉献社会的职业道德",各行各业以"为人民服务、对社会负责"为宗旨。在20世纪90年代,社会也加强了对践行社会主义职业道德模范人物的宣传、学习,在各类媒体上,企业家、政府官员、模范工人、公共人物等各类职业成功人士形象大量涌现。1999年党的十五届四中全会通过的《关于国有企业改革和发展若干重大问题的决定》指出:"必须切实尊重职工的主人翁地位,充分发挥职工群众的积极性、主动性和创造性"。2001年,中共中央印发《公民道德建设实施纲要》,明确指出从业人员应当"大力倡导以爱岗敬业、诚实守信、办事公道、服务群众、奉献社会为主要内容的职业道德,鼓励人们在工作中做一个好建设者。"[1]2002年中央电视台策划推出了《感动中国》人物评选节目,每年评出的"感动中国"人物中有乡村邮递员王顺友、几十年坚守医务岗位的肝胆专家吴孟超、一心为民的人民好公仆郑树民等一大批爱岗敬业的职业模范人物,在全国范围内引发了受众的广泛参与与好评。2007年,中央有关部委又启动在全国范围评选"全国道德模范",有助人为乐模范、见义勇为模范、敬业奉献模范、诚实守信模范、孝老爱亲模范等,其中敬业奉献模范和诚实守信模范中也涌现出了如中航工业沈阳飞机工业集团有限公司董事长罗阳、"最

---

① 中共中央:《公民道德纲要》,人民出版社2001年版,第2页。

美司机"吴斌等一大批诚信爱岗、忠于职守、敬业奉献的先进典型。同时,全国许多省市也开展了诸如感动浙江、感动湖州、最美人物等评选活动。在人们的价值标准选择因受经济利益影响而迷茫、摇摆,主流价值观受到极大冲击和挑战的时期,《感动中国》及"道德模范"评选所树立的价值标准和典型标杆给彷徨中的人们一个明确的方向。

2012年党的十八大对社会主义核心价值观做出了24字精辟的概括和提炼,"富强、民主、文明、和谐"是从国家层面提出的价值目标和追求;"自由、平等、公正、法治"是从社会层面提出的价值目标和追求,体现了社会主义核心价值观在全社会的价值导向和价值要求;"爱国、敬业、诚信、友善"是从公民个人层面提出的价值目标和追求,体现了社会主义核心价值观在个人道德准则方面的基本原则和价值要求。爱国,是我们每一个公民的起码道德准则,敬业是对我们所从事的职业、工作的价值要求,人们从事的职业其性质、特点、职责虽然千差万别,但爱岗敬业却是共同的要求,诚信、友善是人们在社会交往中的道德规范。社会主义核心价值观的提出,为职业道德建设明确了新方向和新要求,成为新时期职业道德建设新的遵循。

(二)职业制度建设不断完善

新中国成立65年来,我国的职业制度、职业法规建设也经历了一个从无到有,从残缺到完善的历程,为规范各行各业的职业行为,构建和谐职业关系,保障用人单位与职业人员的基本权益、促进经济建设顺利发展发挥了重要的保障作用。

1. 职业保障法规体系基本形成[1]

1949年中国人民政治协商会议通过的《共同纲领》第32条对劳

---

[1]　参见关怀:《六十年来我国劳动法的发展与展望》,《法学杂志》,2009(12)。

动立法提出了指导原则,规定:"在国家经营的企业中,目前时期应实行工人参加生产管理的制度,即建立在厂长领导下的工厂管理委员会。私人经营的企业,为实现劳资两利的原则,应由工会代表工人职员与资方订立集体合同。公私企业目前一般应实行 8 小时至10 小时的工作制,特殊情况得酌情办理。人民政府应按照各地各行情况规定最低工资。逐步实行劳动保险制度。保护青工女工的特殊利益。实行工矿检查制度以改进工矿安全和卫生设备。"为贯彻《共同纲领》的这一原则,1950 年 2 月中央财经委员会公布了《关于国营公营工厂建立工厂管理委员会的指示》,1950 年 6 月,中央人民政府颁布了《中华人民共和国工会法》,1951 年 2 月政务院公布了《中华人民共和国劳动保险条例》,1954 年 9 月新中国第一部《宪法》正式颁布,《宪法》对我国的劳动和社会劳动关系的调整与公民的基本权利和义务作了明确规定。1956 年,当时的劳动部组织了《劳动法》的起草工作,但 1958 年以后,因极"左"路线干扰起草工作被迫停止。进入 20 世纪 60 年代后,极"左"思潮和冒进倾向大大影响了职业法规建设进展,特别是十年"文化大革命"期间,林彪、江青反革命集团任意践踏法律法规,不仅没有制定新的法律法规,而且原先颁布的法规亦难以贯彻执行,任意侵犯劳动者的基本权益,任意扣发工资,开除职工,劳动者毫无职业保障可言。

党的十一届三中全会做出了党的中心工作由"阶级斗争为纲"转移到"以经济建设为中心"上来的重大战略决策,开启了我国改革开放的伟大进程。随着改革的深入和职业实践领域发生的新变化,我国职业领域的法制建设也得到了加强。1978 年 12 月,邓小平提出制定《劳动法》,我国政府随即重新启动了具有法典性质的《劳动法》的制订工作。1979 年初,国家劳动总局成立了新的《劳动法》起草小组,邀请了有关专家学者和全国总工会的代表成立了起草工作机构,启动了新中国成立后第二次劳动法起草工作。由于多种原因,1984 年以后起草工作暂时中断。20 世纪 90 年代以来,随着国有企业改制和民营经济快速发展,我国职业关系领域出现了一些新的变化,1992 年,国务院成立了由国务院法制局、劳动部、人事部、全国总工会、国家体改委、卫生部等多方代表组成的劳动法起草领导小组,加强劳动关系领域的立法工作。经过多次研究、论证、修正和补充,1994 年 7 月 5 日全国人大常委会通过了《劳动法》。在《劳动法》颁布后,又制定实施了《安全生产法》、《劳动合同法》等一系列劳动法规。基本已经形成了以《宪法》为基础,以 1995 年开始实施的《劳动法》和 2008 年开始实施的《劳动合同法》为核心,以加强劳动保障监察的《劳动保障监察条例》,以集体合同制度和平等协商维护员工权益的《工会法》,以完善劳动争议处理机制的《劳动争议调解仲裁法》,以保护劳动者基本利益的新的《劳动合同法》、《安全生产法》、《就业促进法》、《社会保险法》、《职业病防治法》以及《工伤保险条例》、《最低工资规定》等一系列法律法规为补充的较为完整的职业劳动法律体系,进一步从法律层面规范了职业劳动行为,保护了从业人员和用人单位的合法权益。这些法律的建立使得我国适应社会主义市场经济的劳动关系调整机制基本形成,对形成和谐的职业劳动关系起到了重要的保障作用。

2. 职业资格制度初步建立

20 世纪 50 年代中期开始,我国移植苏联做法在企业内部建立了八级制为主的工人技术等级结构,技术等级标准按产业、工种制定,根据工作的难易程度和责任大小最多分为八级。1963 年和 20 世纪 70 年代末曾对标准体系做过两次修订。1986 年,我国颁布了国家标准《职业分类与代码(GB6565-86)》,随后有关部门和专家翻译出版了《国际标准职业分类 ISC0-88》、《加拿大职业分类辞典》等重要职业分类文献,为我国职业分类工作提供了参考和积累了经验。1989 年打破行业和部门界限,将 9000 多个工种合并为 4700 多个,将八级标准简化为三级制的等级结构标准,形成了我国工人技术等级标准体系,并强化了标准的社会化和国家统一管理的功能。

从新中国成立至 1990 年,这一时期可以说是我国职业资格制度的初步探索时期。吕忠民在《职业资格制度概论》一书中将 1990 年实施的专业技术人员资格考试认定为我国专业技术资格制度建立的标志。他将 1990 年以来我国职业资格制度的发展分为三个阶段:[①] 1990—2002 年为"从业资格和执业资格制度"时期。1992 年党的"十四大"确立了我国经济体制改革要建立社会主义市场经济体制目标后,我国技术等级考核制度开始向国家职业资格制度转型。在这期间,1992 年,原劳动部组织 46 个行业主管部门编制并颁布了《中华人民共和国工种分类目录》,它包括 46 个大类 4700 多个工种,基本覆盖了全国所有工人从事的工种。1993 年中共十四届三中全会通过的《中共中央关于建立社会主义市场经济体制若干问题的决定》明确提出要实行学历文凭和职业资格两种证书制度,职业资格证书制度建设被提上工作日程。1994 年 3 月,原劳动部、原人事部联合发布《职业资格证书规定》。6 月,中央编办批准成立劳动部职业技能鉴定中心,负责国家职业资格证书制度的实施。7 月,职业资格证书制度作为劳动就业制度的一项重要内容和科学评价人才制度被写入《中华人民共和国劳动法》,国家确定职业分类,对规定的职业制定职业技能标准,实行职业资格证书制度,为职业资格制度的实施提供了法律保障。我国技能型人才的国家职业资格等级分为五个级别,即国家职业资格五级、四级、三级、二级和一级。在此期间,我国对公务员、教师、警察等职业制定行政法规明确实施职业资格制度。比如国务院颁布的《国家公务员暂行条例》,教育部颁布的《中华人民共和国教师法》,公安部颁布的《中华人民共和国警察法》,均明确必须持有相应职业资格证书才能上岗。1996 年 5 月颁布的《职业教育法》规定职业教育应当实行学历证书、培训证书和职业资格证书制度。1999 年 5 月颁布的《中华人民共和国职业分

---

① 吕忠民:《职业资格制度概论》,中国人事出版社 2011 年版,第 21—22 页。

类大典》将我国职业归为 8 个大类、66 个中类、413 个小类、1838 个细类(职业),比较全面客观地反映了我国社会职业结构现状,为职业资格管理的科学化、规范化奠定了基础。随后,劳动和社会保障部为了适应进一步提高劳动者素质、推行国家职业资格证书制度的需要,按照"以职业活动为导向、以职业技能为核心"的指导思想组织制定国家职业标准。国家职业标准在职业分类的基础上,根据职业的活动内容,对从业人员工作能力水平提出规范性要求。国家职业标准由职业概况、基本要求、工作要求和比重表四部分组成见图

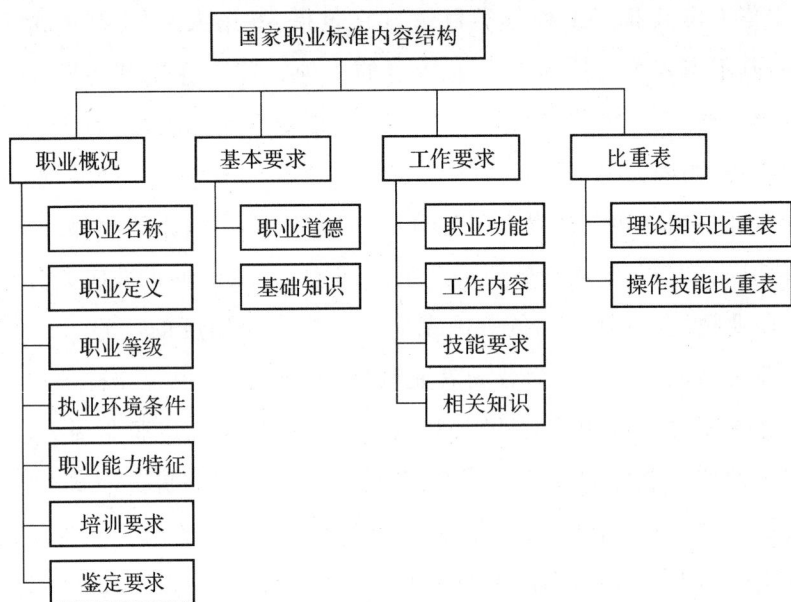

图 3-1 国家职业标准内容结构

3-1。它是从业人员从事职业活动,接受职业教育培训和职业资格鉴定以及用人单位录用、使用人员的基本依据。从 1999 年至 2002 年,劳动和社会保障部共组织制定完成了 200 多个职业的国家职业标准。2003—2007 年为"水平认证资格和准入资格制度"时期。2003 年《中华人民共和国行政许可法》颁布,明确划定了需要实行就业准入制度的职业范围。2004 年国务院《对确需保留的行政审

批项目设定行政许可的决定》又将价格鉴证师等近 50 类职业设定为行政许可项目。① 同时，这一时期，随着我国加入世贸组织，国外职业资格证书迅速进入中国。以承认国外资格证书作为交换，许多部委直接借鉴、引进国外职业教育培训系统、职业技能鉴定系统、职业资格证书运行系统，发展我国同类型职业资格证书。2008 年以后为"能力水平评价和行政许可类职业资格制度"时期。为有效遏制职业资格设置、考试、发证等活动中的混乱现象，切实维护公共利益和社会秩序，2007 年 12 月 31 日，国务院办公厅印发了《关于清理规范各类职业资格相关活动的通知》，对各类职业资格有关活动进行集中清理规范。职业资格根据性质不同分为两类：一类是准入类职业资格，具有行政许可性质，对涉及公共安全、人民生命财产安全、人身健康等特定职业（工种），国家依据有关法律、行政法规或国务院决定设置行政许可类职业资格；另一类是水平评价类职业资格，不具有行政许可性质，是面向社会提供的人才评价服务，由劳动人事保障部门会同国务院有关主管部门制定职业标准，建立能力水平评价制度（非行政许可类职业资格）。这一时期的职业资格认证工作格局呈现出多主管部门、多渠道、多机构共同进行认证与管理的特点。据人社部专业技术人员管理司司长孙建立介绍，截至 2013 年年底，全国各地区、各部门设置的职业资格达到了 1100 多项，其中国务院各部门设置的职业资格有 560 多项，地方自行设置的职业资格有 570 多项。据《2013 年度人力资源和社会保障事业发展统计公报》显示，截至 2013 年年底，全国已有 1791.9 万人取得各类专业技术人员资格证书，1838.57 万人参加了职业技能鉴定，1536.67 万人取得不同等级职业资格证书。但职业资格证书制度在具体执行中也出现了许多问题，其弊端逐渐显现。各种考证热和培训热应运而生，一些机构借机敛财，通过办班、教材、考试来收取高额的培训

第三章　当代中国职业文化的深层透视

---

① 李红卫：《国内学者职业资格证书制度研究综述》，《教育与职业》，2012(6)。

费、教材费、考试费，出现了青年人拿着一大把证书却找不到工作的状况。为了解决这些问题，国务院要求2013年、2014年分批取消职业许可事项，到2015年基本完成取消资格许可事项的工作。2014年6月和8月，国务院常务会议两次研究，分两批取消58项国务院部门设置的职业资格，同时部署地方取消地方自行设置的570多项职业资格。2014年11月再取消一批职业资格，到2015年底基本完成减少职业资格许可和认定工作。

（三）职业生涯教育开始兴起[①]

职业生涯教育起源于19世纪末的英国和美国，是由职业辅导演变而来的，以美国最为典型。1971年美国联邦教育署署长马伦博士正式提出了"生涯教育"观念，标志着现代职业生涯教育进入了新的发展时期。我国的职业教育和指导可追溯到20世纪初，1916年清华大学校长周诒春首次将心理测试应用于学生选择职业中，标志着职业指导在我国开始建立。[②] 但职业生涯教育在此后相当长的时间里并没有引起人们的注意。

新中国成立以后一直到20世纪80年代，由于实行高度集权的计划经济，国家从社会的整体利益出发，采取知识青年上山下乡、支边支穷、统一分配工作等方法实行社会管理。"我是革命一块砖，哪里需要哪里搬"，对广大青年来说，根本没有自由选择职业的权利和机会，正因为实行统包统配的就业政策，所以个人不需要进行职业生涯规划，即使有职业生涯规划的设想，也很难付诸实施，他们的职业追求往往被禁锢，因为最终决定他们从事什么职业的选择权是由组织决定的而不在自己手里。所以，在相当长的一段时间里，职业生涯规划没有得到足够重视，也就根本谈不上职业生涯教育了。

---

① 参见彭立春：《社会主义核心价值体系融入大学生职业生涯教育研究》，中南大学2012年博士学位论文。

② 陈军、钟新：《对高校职业生涯教育问题的再思考》，《现代教育科学》，2009(1)。

改革开放以后，随着国民经济迅速发展和劳动用工制度的改革深化，逐渐形成用人单位和劳动者双向选择、合理流动的就业机制。1989 年国家教委、人事部印发了国务院批准的《高等学校毕业生分配制度改革方案》，新中国成立以后实行的国家统包统配的高校毕业生就业制度被打破。党的十四届三中全会通过了《中共中央关于建立社会主义市场经济体制若干问题的决议》，明确提出要建立社会主义市场经济体制，培育和发展劳动力市场的目标。1993 年中共中央、国务院颁布了《中国教育改革和发展纲要》，提出推行"双向选择"、"自主择业"的就业制度，改革大学生"统包统分"就业模式，要建立相应的大学生就业指导服务体系。1994 年，劳动部颁发了《职业指导办法》，明确规定了职业指导的主要任务、工作原则、工作内容、工作形式、职业指导工作人员的任职条件和职责范围。1995 年 5 月，国家教委办公厅颁发《关于在高等学校开设就业指导选修课的通知》，要求高校根据本校情况在三年级或者四年级开设就业指导选修课，引导学生树立职业目标、指导大学生求职择业。1997 年，国家教委颁发了《普通高等学校毕业生就业工作暂行规定》，对高校就业指导工作做出了明确的规定。1999 年，劳动保障部又推出了《职业指导人员国家职业标准（试行）》，在部分地区开展职业指导人员职业资格培训和鉴定试点工作，组织编写了全国统一培训教材。进入新世纪以后，职业生涯教育理论研究逐步深入，职业指导、就业指导、创业指导、职业生涯教育等学术概念被广泛讨论并达成了一些基本共识。各高校按照教育部门的规定积极开设课程、开展相关活动，加强师资队伍建设，提高教师专业化、职业化程度，推进职业生涯教育实践走向深入。2004 年中共中央、国务院《关于进一步加强和改进大学生思想政治教育的意见》提出要引导大学生树立正确的就业观念，进一步建立健全大学生就业指导机构。2007 年，国务院办公厅印发《关于切实做好 2007 年普通高等学校毕业生就业工作的通知》，要求高等学校建立完善的就业工作体系，把就业指导课程纳入教学计划,引导大学生积极主动就业、创业。随后,教育部印发了《大学生职业发展与就业指导课程教学要求》,明确制定了职业指导的教学大纲,要求所有普通高校开设职业发展与就业指导课程,并作为公共课纳入教学计划。

随着职业生涯发展理念的传播与深入,各高校依据大纲和本校实际情况,纷纷开设了职业生涯规划课或其他相关课程;设立了相应的就业指导机构,如:湖南大学的心理健康教育与生涯发展中心、复旦大学的学生职业发展教育服务中心等;建立了学生就业指导网站,除为毕业生提供就业知识和政策外,还为学生择业提供双向选择服务平台。各高校还开展了职业生涯规划大赛、职业演讲、网上招聘、供需见面会等各类活动,极大地促进了职业指导的深入开展,唤醒了学生自主规划未来职业的意识,也有效推动了高校毕业生的充分就业。

二、当代中国职业文化问题透视

"哲学的批判性反思,总是对反思对象的批判;没有作为反思对象的'思想',也就没有作为反思活动的批判。"[1]思考当下中国现代职业文化建设问题,必须要有深刻的反思和批判精神,只有基于对中国职业文化建设的历史变迁和现存状况的深刻反思与批判基础上,才能构建面向未来、面向实践的现代职业文化。

改革开放以来,中国现代职业文化建设虽然取得了较大成效,建立了一些基本的规范和标准,也探索了很多有益的经验,职业文化建设正朝着自觉、自信的方向发展。但由于不少行业、职业是在社会主义市场经济条件下诞生的新事物,职业发展的历史比较短,

---

[1] 孙正聿:《哲学通论》,辽宁人民出版社 2003 年版,第 172 页。

缺乏职业的文化积淀，又加上我国社会正处于大变革大转型时期，利益的调整、价值的重估、观念的转变和体制的转换，导致我们在职业文化建设过程中还存在一些这样那样的问题，比如对职业文化的发展规律、建设理念、构建方式、呈现形式认识不到位，在职业价值取向上多数从业者还对职业使命知之不多或者想得很少，缺少完成职业使命的幸福感；职业文化建设流于形式或囿于浅薄，对职业核心文化理解与把握方面还比较粗疏，不能统领所属职业组织发展，在实践层面上滞后于现代职业发展趋势。关于职业文化中存在的问题，有学者从不同的角度进行了研究。我们认为，文化具有稳定性的特征，任何一种文化的形成都是一种在新旧文化冲突碰撞中缓慢革新的过程。当代中国现代职业文化中存在的主要问题可以归结为一句话，即旧的已经衰微，新的尚未确立。就是说，传统的职业规范和传统的职业意义追求已经无法适应新的现代职业和现代生活的需要，而新的现代职业规范与意义体系还没有在理念层面和现实层面完全确立起来。① 认识上的误区暴露了对职业文化建设重要性认识的肤浅与片面，行为上的误区导致职业文化建设难以在实践层面纵深拓展。从职业文化的内容和形式两个方面来考察，其中存在的问题很多，应该说表现在价值取向、情感态度、制度规范和行为方式等各个层面。这里从公众关注较多的几个问题简要予以呈现。

（一）职业精神缺失

一方面，精神在社会生活和职业运行中的价值愈益突出，人们迫切需要增加精神竞争力，需要培育创新意识、敬业精神，需要用科学的价值观念加以指导；另一方面，人们往往追求有形的、物化的指标，而忽视无形的、内在的精神；注重技术理性而忽视价值理性，偏

---

① 王文兵、王维国：《论中国现代职业文化建设》，《中共长春市委党校学报》，2004(4)。

重技能创新而忽视观念变革与思维创新。

1.职业追求功利

在我国传统职业文化中,职业对一个人而言,不仅是找到了一种谋生的方式,并且将自己所从事的职业视为一个人安身立命的依托和追求人生意义、完成人生使命、实现人生价值的有效途径。在我国传统社会里,人们完全可以把劳动与工作、职业、事业甚至婚姻、家庭等结合在一起。一个作坊,既是他的职业饭碗,又是他的整个生命寄托。从事一份职业,从小处讲意味着他可以以此养家糊口、封妻荫子甚至光宗耀祖,而从大处讲则可以济世救民乃至治国平天下。职业选择成为一个人展现抱负、实现理想和人生价值的体现。然而,在充满竞争、追逐成功、人人都梦想发财、暴富、成名、成家的当今社会,一部分人受利益支配,为物欲所困,出现了价值观念变异、功利主义泛滥的不良倾向。人们对职业价值的认知往往以单一的经济利益为导向,赚钱成了人们从事职业的主要目的和追求,将对人生意义的追求看作是职业之外的事情。一种缺乏更高意义追求的虚无之风正在各行各业中蔓延,人们的职业价值观从"内在精神型"向"外在功利型"转化,择业时所表现出的实惠心理、追求个体享受、利己倾向非常明显。在职业评价上,经济收入高低已逐渐成为不少人对职业评价的主要指标,从而直接影响人们的择业标准。人们在职业选择上过分看重眼前经济收入、福利待遇,"高收入就是好工作"已成为不少人的择业标准,传统的社会贡献和职业社会声望被排在了较后的位置。在当今社会,工作条件好、待遇高的职业岗位人们趋之若鹜,经济待遇差、工作条件艰苦的工作岗位则少有人问津。近年来,我国公务员公开招考报名人数连年创新高,2013 年国家公务员考试报名人数为 1369657 人,总竞争比在65.6∶1,其中国家统计局重庆调查总队合川调查队业务科室科员职位以 9411∶1 位列第一,形成万里挑一局面,当公务员已成为大学生就业的第一选择。在市场经济的冲击下,大学生职业意识中存在一定的功利性色彩本是无可厚非更是无可避免的。但是,如果这种个人功利与社会整体功利相悖,将会对个人和社会的发展产生一系列负面影响。

2. 敬业精神淡化

所谓敬业就是专心致志以事其业,把心力、精力都投入到事业、工作之中,以虔诚的态度对待自己的职业,对事业有执着的追求、坚定的信念和崇高的使命感。敬业是中国人的传统美德。古人所说的"肃肃宵征,夙夜在公"、"业精于勤荒于嬉"等等,都是对敬业精神的经典概括。现代社会,随市场经济而来的功利性、短期性、浮躁性等负面东西大量侵入人们的精神世界,占据了人们的灵魂空间,给敬业精神本身带来了严重的冲击,社会出现了敬业精神的普遍危机。① 许多职业者特别是民营企业的从业人员不能正确认识自己职业劳动的意义与价值,对职业缺乏理想信仰与应有的敬畏,不是因为热爱一项工作而去从事它,而是认为自己参加工作就是为了获得劳动报酬、养家糊口,把职业当成谋生的饭碗、牟利的工具,缺少践行敬业规范的自觉性,缺乏主人翁意识和工作激情,他们工作不讲技术过得硬、服务做得好,只求过得去,不丢饭碗就行,怕苦嫌累,不愿钻研,应付了事。管理咨询公司合益集团的调研结果显示,2011 年全球员工敬业度为 66%,中国员工的敬业度仅为 51%,与巴西、俄罗斯、印度等几个"金砖国家"相比是最低的。全球最大劳动力管理解决方案商克罗诺思公司的一项调查显示,中国的员工更易以生病为借口请假翘班。他们就是否装病请假的问题在线访问了约 9500 名来自澳大利亚、加拿大、中国、法国、印度、墨西哥、英国和美国的全职和兼职员工。结果显示,中国有 71% 的员工都表示曾经装病请假,名列榜首,这正是不敬业的一种表现。

---

① 张萃萍:《敬业精神的价值及其培育——对当代中国敬业精神的理性思考》,中央党校 2001 年博士学位论文。

3.职业认同弱化

认同是个体(群体)面对另一种异于自身存在的东西时所产生的一种保持自我同一性的反应,是一种对所属群体的忠诚或归属感。职业认同感是做人的根本,也是做事的根本,更是一种行业生生不息的根本。职业认同感是职业人员对于自己所从事工作的认可、忠诚和信仰,是人们对自己所从事职业发自内心的强烈的职业情感和对职业执着追求的责任感、使命感。职业认同是职业人取得职业成功的重要心理基础。如果你认同、敬畏自己所从事的职业,那么你工作的每一天都是快乐的每一天,职场生活就是天堂;如果你不认同自己所从事的职业,那么你的职场就是地狱。当前,职业认同弱化主要表现为,一是择业随意。择业随意是典型的职业认同缺乏的表现,目前许多求职人员包括大学生在职业选择过程中,缺乏明确清晰的职业目标和职业发展规划,这类人在职业选择中没有明确的职业理想和目标,往往过分追求薪酬、工作环境等经济性指标而忽略了职业的社会性,职业对他而言只是单纯意义上的谋生手段而已。二是跳槽频繁。现代社会"干一行,爱一行"的职业价值观念开始被淡化,人们对职业的忠诚度有所下降。同时,产业转型升级和第三产业的迅猛发展涌现出的大量新兴职业、自由职业为劳动者提供了更广阔的就业选择空间,特别是具有高学历、高技能的就业群体,更换工作单位的频率和可能性不断增加。如果职业岗位不符合自己的发展和喜好,就选择放弃,重新择业。2012 年,怡安翰威特的调查结果显示,中国员工平均流动率为 15.9%,处于全球高位。现在刚毕业不久甚至在实习期就换了 3、4 个职业岗位的大学生已不在少数。麦可思研究院发布的《2013 年大学生就业报告》调查数据显示,2012 届大学毕业生半年内有 33% 的学生发生过离职(主动跳槽占离职人群的 98%),其中高职高专毕业生半年内的离职率为 42%,高于本科毕业生。2009 届大学毕业生毕业三年内平均为 2.3 个雇主工作过,只有 37% 的本科生毕业三年内没有更换过雇主。大学生跳槽频繁的现象及其引发的诚信缺失、价值失衡、企业人力资源培养成本上升、法律纠纷等种种问题,引起了社会的广泛关注,对社会道德体系的构建也造成了一定的负面影响。三是职业枯竭。职业枯竭现象表现形式多种多样,已不是个别现象,几乎成了现代人的职业病,这种现象引起了当代社会的关注。其突出表现就是职业人对自己所从事职业的价值、意义日益变得麻木,逐渐失去职业兴趣,追求职业成就的强烈感逐渐淡化,使职业人变成了丧失生活热情和工作动力的单向度的人——有工作能力,却不愿工作;有生存能力,却厌烦活着,职业枯竭导致职业人产生存在危机。今天人们在职业认同感上遇到的纠结心态,不能回避,必须直面。而要唤起人们对职业的尊重感、自豪感,基本路径就是唤起文化自觉,增强理性认知和情感认同。

4.合作意识缺乏

职业文化是一种群体性文化,同事群体的人际关系和人际氛围是职业生活方式的重要组成部分,也是职业文化融合性的显性表征。现代职业是一项复杂性的工作,离不开同事的支持与配合。然而现在,在各种考核评价指标的指挥棒下,同事之间因为存在着激烈的竞争尤其是利益的竞争,因而通常表现为相互隔阂与孤立,阻碍了同一组织内员工之间的交流沟通、相互协作,同事之间相互防备、猜忌,严重破坏了员工个人乃至群体间的团结。以教师职业为例,在应试教育仍然主宰学校教育的当下,学生考试分数和升学率成了初高中学校领导的主要政绩和衡量办学水平的主要标志。为了激励教师们提高教学成绩,许多学校的管理者往往把学生考试分数与教师绩效挂钩,每次考试对各年级各学科的考试成绩进行排名,以此评判教师的优劣,排名情况关系到教师的奖金多少并且作为教师的聘任依据。这种恶性竞争,常常使人们疲于应付,产生职业倦怠,体验不到职业团队带来的温馨、体验不到教学工作带来的快乐与幸福。

（二）职业道德失范

一个社会良好的秩序依赖于有序的社会分工，而有序的社会分工又依赖于各行各业的人按照各自行业、职业的规范要求扮演好自己的职业角色，既不缺位、错位，也不越位。一个文明、道德的社会，肯定是一个有着良好职业道德的社会，职业道德的水平与状况是决定整个社会道德水平的重要因素。一个道德失范的社会，首先是从职业道德的沦陷开始的。良好的职业道德风尚是社会文明程度的重要标志，也是衡量社会发展是否有序和谐的标准之一。改革开放以来，我国从业人员总体素质得到了极大提高，从业人员中接受高等教育和相关专业教育的比例不断提升，专业能力和思想道德水平在总体上都呈现良好发展态势。但是不必讳言，在目前经济转轨、社会转型加速运行的背景下，职业道德及其建设问题越来越凸显出来，在一些领域和一些人群当中，确实存在着一定的荣辱不明、善恶不分、美丑不辨的社会现象，种种近利远亲、唯利是图、偷工减料、损人利己、见利忘义、坑蒙拐骗、以次充好、贪污受贿、以权谋私等等职业道德失范事件频频发生，严重影响着社会良好道德风尚的形成，引起了人民群众的强烈不满，道德陷落和行为失范给国民的身心健康造成了沉痛的伤害。"离开了道德建设，经济、政治、文化建设就不仅失去了其应有的制约，而且势必事与愿违。最终不仅不利于提高，相反会降低人类生存的品位、价值和境界。"①

表现之一：师德的缺失——失去"灵魂"的工程师。

教师的职业道德反映着一个社会的道德基准，影响着社会的未来发展。"人类灵魂的工程师"，"燃烧自己、照亮别人"是对教师职业形象的生动写照和由衷赞美。新中国成立以来，广大教师坚守学为人师、行为世范的原则，为我国教育事业的发展做出了重要贡献，

---

① 郭广殷、陈延斌等著：《伦理新论——中国市场经济体制下的道德建设》，人民出版社2004年版，第2页。

也为教师群体赢得了全社会的广泛赞誉和普遍尊重。但就是这样一个崇高神圣的职业，也难免市场经济大潮的冲击，部分教师没有把自己看做"人类灵魂的工程师"，也没有把教育工作看做是传承文化知识、传播科学真理、塑造美好心灵的"太阳底下最光辉的事业"，而是把自己从事的工作作为一种谋生手段，敬业精神不足，职业认同感低。师德缺失首先表现为教师不安心本职工作，有些教师将主要精力用于从事课外有偿家教；有些教师利用教师的特殊身份向学生兜售学习材料与商品；甚至有少数教师暴力教学。近年来，教师对学生恶语相加、身体惩罚、器官伤害等现象时有发生。2012年10月24日，浙江温岭城西街道蓝孔雀幼儿园教师颜艳红出于"一时好玩"，揪住一名幼童双耳向上提起的照片在网上引起热议，其社交空间里还有三张将幼童扔进垃圾桶的照片，另有多张幼童亲吻、幼童跳舞时被脱裤的照片(2012年10月25日《青年时报》)。更有甚者，本应教书育人的小学校长竟然把6位女生带去开房了。师德的缺失不仅存在于中小学教师，高校教师也不例外。高校教师师德缺失主要表现为：一是学术风气浮躁，缺乏科学严谨的治学精神和踏踏实实做学问的态度，不少教师在搞科研时急功近利，弄虚作假，抄袭剽窃。二是育人意识淡漠，少数教师把教书与育人截然分裂，只注重"教书"而不主动"育人"。把物质利益作为价值追求的目标，热衷于对外兼职、参加社会讲座等捞"外快"，对教学工作敷衍塞责，消极应付本职工作，更有甚者在高校课堂传播有害言论。屡屡发生在灵魂工程师身上的"失德"事件让我们不禁要问现今的师德何在？

表现之二：医德的裂变——不再高贵的白衣天使。

医生的职业道德关系着病人的生命安危和千家万户的健康幸福。西方医学之父，古希腊著名医生希波克拉底在《誓词》中写道，医生"无论至于何处，遇男或女，贵人及奴婢"，其"之唯一目的，为病家谋幸福"，救死扶伤是医生不可推卸的职责。医务工作者的职业道德是每个社会都最受人关注的领域，也是最能反映特定时期社会职业道德总体现状的行业。然而当前医患关系紧张，医务工作者的敬业精神普遍出现了令人担忧的局面。2009 年中国青年报社会调查中心调查结果显示，在由 12575 名公众参与的网上调查中，有 82.4％的网民认为"失去职业操守现象最可怕"的职业是医生，排行第一。在医药界，医生收受药品回扣似乎已经成为公开的秘密，药品回扣也已成为导致药品价格虚高的重要因素。2012 年，包头市第六医院 7 名医生接受医药代表按处方每盒药 5 元至 25 元左右不等的回扣，医生中收受药品回扣最高者达 70 多万元。在第二届中美健康峰会上，中华医学会党委书记饶克勤透露，根据一项名为"透视医生调查"的研究显示："54％的医生表示曾有过接受药品回扣的行为，还有 39％的人说曾接受医药公司的会议资助。"(2012 年 11 月 5 日大河网)中华医学会会长钟南山也说："医患关系紧张，就医方而言，缺的非技术而是医德。"2013 年 8 月，陕西富平县妇幼保健院医生涉嫌"卖婴案"引起全国关注，产科医生张淑侠从 2006 年起就开始贩卖婴儿，借口婴儿有各种疾病，建议父母放弃对婴儿的治疗，由她私自处理，很多父母都没有见到刚出生的孩子，就被这位产科医生贩卖他乡。自案件披露后，医德又一次被推到公众和媒体的聚光灯下，成为被拷问的焦点。本来受人尊敬、受人信赖的医生早已忘记了治病救人的天职，却一次次向婴儿伸出魔爪，本该守护新生命的白衣天使却沦落为"人贩子"，犯罪嫌疑人医德的缺失和人性的泯灭实在令人愤慨。

表现之三：商业道德的沦丧——诚信缺失。

人无信不立，业无信不兴，国无信不宁。诚信是一个人的优秀品质，也是一个企业、一个行业、一个国家能够得以稳定健康、持续发展的精髓所在。商业诚信是市场经济的核心和灵魂，是商业活动中从业人员的最重要的职业素质要求。古语云："诚信者，天下之结也。"诚信是天下人能够联系集结在一起的基本条件。然而，市场经济的求利性和盲目性诱发着人们的利益欲望，社会的巨大变化使依靠传统方式维系诚信交往的效用大大弱化以及失信成本较低等原因,致使我们在发展市场经济的过程中,遇到了"迷心逐物"、"重利轻义"的挑战和考验。在经济活动中,人们总是乐于选择成本低的失信行为作为自己的牟利手段,为了经济效益不惜损害国家的利益和民众的生命健康,诚信文化在膨胀的利益欲望面前不堪一击。商业道德诚信缺失严重侵害了社会公众的利益,扰乱了市场经济秩序,导致市场对资源的配置率下降、宏观调控难度加大、社会交易成本增加,产生了极其恶劣的社会影响。有研究表明,我国商业领域每年因为信用缺失而导致的直接和间接经济损失数额巨大。据2003年所公布的一项研究显示,我国市场交易中因信用问题而造成的无效成本占 GDP 的 10％～20％,国民生产总值每年因此至少减少 2％。①

一是食品安全问题层出不穷。"民以食为天",食品是人类赖以生存和发展的物质基础。2012 年,一部纪录片《舌尖上的中国》红遍大江南北,让很多观众沉醉于中华美食的独特魅力,甚至直呼"口水止不住"。然而面对现实生活中舌尖上的安全问题,人们又不禁感叹:荧屏上佳肴令人回味无穷,现实中问题食品却让人心惊肉跳。近年来,中国食品安全事件不断发生,如"速成鸡事件"、瘦肉精中毒、红心咸鸭蛋、"三聚氰胺事件"、"毒奶粉"、毒粉条……无不为人们的日常生活增添食品安全的隐患,也足以表明,诚信的缺失、道德的滑坡已经到了何等严重的地步。食品领域道德陷落和行为失范也打击着消费者对食品安全的信心。2010 年 12 月,一项全国范围内的"消费者食品安全信心"调查显示:有近七成人对中国食品"觉得没有安全感"。其中,52.3％的受访者认为"比较不安",15.6％的

---

① 《经济日报》,2003 年 9 月 22 日,转引自王淑芹:《信用伦理研究》,中央编译出版社2005 年版,第 182 页。

人表示"特别没有安全感"。① 二是商业欺诈猖獗。近年来商业欺诈现象频频出现,形式多种多样,假冒伪劣产品"遍地开花",从假酒、假烟、假农药、假化妆品、假家电到假车票、假合同、假广告、假证明等。假冒伪劣成为社会主义市场经济的一个毒瘤,侵蚀着市场经济的健康良性发展。制假售假严重侵害了消费者的合法权益,侵犯了公民的生命健康;同时也损害了其他合法生产者和经营者的合法权益,败坏了社会风气,使得社会上产生信任危机,破坏了社会的稳定和谐。2012 年上半年,BCP 中国商务信用平台连续发布了《岁末假票欺诈泛滥消费者提防网购诈骗》《开团网收款不发货遭消费者集中投诉》等数篇 BCP 信用预警公告后,迅速占据了网购投诉舆论制高点。2013 年 10 月 25 日,国务院总理李克强主持召开国务院常务会议,明确了公司注册资本登记制度改革的主要内容之一便是"大力推进企业诚信制度建设",强调要"完善信用约束机制"。

表现之四:官员道德的扭曲——权力寻租、贪污腐败。

公务员队伍职业道德的好坏直接关系到整个社会的道德风气。掌握一定的政治权力或行政权力的国家公职人员应当具有较高的道德准则和行为规范。自古以来,封建官吏士大夫就将"先天下之忧而忧,后天下之乐而乐"、"衙斋卧听萧萧竹、疑是民间疾苦声"、"鞠躬尽瘁,死而后已"作为自己为官当吏的座右铭。然而,在社会转型期,面对市场经济大潮的冲击和西方价值观的渗透,部分公务人员没有摆正甚至颠倒了个人与组织、个人与社会的关系,迷恋于个人价值,宗旨意识弱化,群众观点淡薄,丢掉了的"权为民所用、情为民所系、利为民所谋"的政治责任和道德情怀,丢掉了"密切联系群众"的工作作风,将原本由人民赋予并为公众服务的权力私有化、关系化、特权化、商品化,把公共权力变为谋取私利的工具。突出表现在,官僚主义、形式主义、享乐主义、奢靡之风"四风"问题突出,有

---

① 欧阳海燕:《近七成受访者对食品没有安全感 2010—2011 消费者食品安全信心报告》,《小康》,2011(1)。

的搞形象工程、政绩工程、换一任领导变一套思路,只顾眼前、不顾长远;有的有令不行,有禁不止,搞上有政策下有对策;有的心浮气躁、跑官要官,钻营攀附、到处拉关系、找门路、搭天线;有的滥用职权、搞权力寻租,索贿受贿、吃拿卡要,利益输送、借权营生;有的脱离群众,弄虚作假,欺上瞒下,哄骗上级,糊弄群众;有的奢侈浪费、庸懒散奢等等。腐败之风已经在严重侵蚀我们的党政干部队伍,2013年全国共查处各级党政干部182038人。2014年上半年,中央纪委对涉嫌违纪违法的副部级以上干部已结案处理和正在立案检查的已三十多人。我们相信,多数国家公务人员是好的,但这些数字毕竟有些大。公务员职业道德的不彰不仅影响到了干部队伍的勤政廉政,也影响到整个社会的道德状况,关系到党的执政能力。习近平总书记在十八届中纪委三次全会上讲话指出,"滋生腐败的土壤依然存在,反腐败形势依然严峻复杂,一些不正之风和腐败问题影响恶劣、亟待解决。全党同志要深刻认识反腐败斗争的长期性、复杂性、艰巨性,以猛药去疴、重典治乱的决心,以刮骨疗毒、壮士断腕的勇气,坚决把党风廉政建设和反腐败斗争进行到底。"

(三)职业规范滞后

1.职业资格制度不够完善

职业资格制度是以国家制定的特定职业标准,以一定的程序和方式评价,以规范社会从业成员达到从事某种职业活动所具备的基本条件的社会活动的体系。[①] 实行职业准入或职业资格认证是维持市场秩序的基本规范,是对从业人员提出的最基本标准和要求,是检验一个人是否胜任他所要从事工作的准绳。形象一点说,职业准入制度就是关于入职"门槛"的规定,排斥不具备从业资格者参与职业活动,保护合格劳动者从业的权益。同时,也为消费者能够购

[①] 吕忠民:《职业资格制度的研究及对策》,《中国考试》,2008(3)。

买到合格的产品或优质服务提供制度保障。实行职业资格制度有利于提高从业人员的整体素质水平,规范对从业人员管理,同时也是从业人员专业化的必然要求。完善的职业准入制度是职业发展的必然前提与要求。但是,我国职业资格制度的发展还不够成熟,在制度本身与实施过程中都存在一定问题。

第一,就业准入覆盖面窄。国家要求在特定职业领域以及各个行业中技能要求较高的工作岗位,必须严格执行就业准入制度,从而保证重要职业岗位的从业者具有足够的知识和技能水平,能够安全、有效地完成相应的职业活动。然而,当前就业准入制尚未完全落实,国家职业资格能力标准并未得到真正统一,职业资格证书的有效性在全国就业市场未能实现真正的认同并流通,一些用人单位对职业资格证书缺乏认可度,并未严格执行就业准入制度,有些企业在经济利益的驱使下,为降低企业成本,大量聘用无职业资格证书者,无证就业现象比较普遍。在建筑业一线操作人员中,90%是初中以下文化程度,技师不足1%,高级技师不到0.3%。在所有农民工中,接受过短期职业培训的占20%,接受过初级职业技术培训或教育的占3.4%,接受过中等职业技术教育的仅有0.13%,没有接受过任何培训的却高达76.4%,而恰恰是这些没有接受任何安全知识和技术培训的群体,占加工制造业从业者的68%和建筑业的80%以及采掘业劳动者的绝大多数。[①]

第二,职业标准滞后,资格鉴定质量不高。部分职业的职业标准要求严重滞后于当前的技术进步和行业职业发展,跟不上经济发展对从业者的岗位素质要求。比如1993年颁布的《教师法》对教师的职业准入,小学教师要求是中等师范学校毕业,初、高中教师分别为高等师范专科和高等师范本科学校毕业。目前我国已进入高等教育大众化阶段,对基础教育也提出了要优质化办学的要求,与教

---

① 国务院课题组:《中国农民工调研报告》,中国言实出版社2006年版,第22、76页。

育发展的趋势相比,显然,对小学教师、初中教师的学历要求偏低了,已无法适应当前基础教育发展对教师素质的要求。同时,目前我国许多职业资格考试多半只安排笔试且考试试卷采用标准化试题,比如司法资格、建造工程师执业资格、造价工程师执业资格、监理工程师执业资格、注册税务师执业资格。但考试题库的开发总是滞后于社会发展,一些专业考试辅导机构摸准了相应职业资格证书的标准化考试命题规律,通过开设短期培训即可大大提高考生通过率,只是速成的过关者很可能不具备相应的文化基础和专业素质;同时,部分鉴定机构既当"裁判员"又当"运动员";职业资格培训和鉴定流于形式,只要交钱就给发证,导致资格证书泛滥,有些证书含金量不高。

第三,证书认证与管理混乱。谢冰在《我国专门人才评价与职业准入问题研究评述》一文中指出:劳动部门颁发的具有政府准入效力的资格证书;行业部门认可的具有强制效力的资格证书;在行业内部有一定认可度,但不一定具有强制效力的国内外流行的各种资格认证,此外,各省市也各自制定了一批"上岗证"。可以说,在大多数领域里,职业准入工作仍然是根据地区、行业部门乃至企事业单位制定的标准各行其是。① 由于缺乏全国统筹,导致我国职业证书设计、鉴定、颁证机构政出多门。同一职业资格不同行政主管部门认证重叠,甚至互不认可。如电子商务项目有劳动和社会保障部职业技能鉴定中心的"电子商务师"资格认证,有中国商业联合会商业职业技能鉴定指导中心组织的"商业电子商务师执业资格认证",还有阿里巴巴组织的"阿里巴巴电子商务证书"。再如计算机水平考试,教育部门有高教系列的计算机水平考试和全国计算机等级考试,信息产业部门有计算机程序员等 20 个名目的考试,劳动部门有计算机操作员等 18 个名目的考试。还有一些部委省市、行业协会

---

① 谢冰:《我国专门人才评价与职业准入问题研究评述》,《湖北社会科学》,2004(8)。

的鉴定中心组织进行的行业性、地方性计算机操作员之类的鉴定。① 这种对职业资格证书的多头认证与管理,导致了我国职业资格证书在实施过程中存在着诸如认证管理混乱、认证标准不统一,使用人单位和劳动者难以选择,并且在一定程度上影响了职业资格证书制度的权威性、严肃性和统一性,干扰了用人单位对劳动者的评价,对推行职业资格证书制度产生了消极影响。

第四,资格认证考核不全。职业资格认证注重能力、知识等素质结构的考核,轻视了对个体的兴趣、个性品质及职业倾向性的测评。通过考试获得各种证书或任职资格,是从事某一职业的敲门砖或通行证。比如教师职业资格认定,在《教师资格条例》和《〈教师资格条例〉实施办法》中对教师的学历水平、知识结构、教育教学能力、身体条件等都做了相关规定,申请人只要学历达标、教育学、心理学考试成绩合格、普通话达标、体检合格就可以通过资格认定成为基础教育的教师。但是,只具备足够的知识与技能还远远不能成为一名优秀的教师甚至合格的教师。没有爱就没有教育,没有爱心也就不能成为一名好的老师。做一名教师需要其对教育的信仰与执着、对学生的爱心与奉献。然而,当前我们的教师资格认证恰恰忽略了对个体从事教师职业的兴趣测试和对职业道德方面的考察。由于我国对教师品格的考量技术和评价机制的不成熟,导致一些缺乏教师职业精神仅为谋生的人进入教师行业,造成教师队伍中既有最美教师张莉莉,也有最丑教师"范跑跑"共存的现象。

(四)职业歧视普遍

《辞海》对"歧视"的解释是"不平等看待"。② 美国《布莱克法律词典》对歧视的解释是指由成文法或惯例赋予特定阶层某些特权造成的结果,而那些被授予了特权和没有被授予特权的人之间没有合

---

① 张宏:《论国家职业资格证书教育制度完善》,《教育与职业》,2007(21)。

② 《辞海》(第6版),上海辞书出版社2009年版,第1467页。

理的差异;或是基于种族、年龄、性别、国籍或宗教给人不平等待遇或剥夺其正常权利。① 歧视的本质是采用双重标准对人作"不合理的和主观的区分"。在社会生活中歧视通常表现为户籍歧视、身高歧视、民族歧视、年龄歧视、健康歧视、相貌歧视、经验歧视等。职业歧视是指"基于种族、肤色、性别、宗教、政治见解、民族血统或社会出身等原因,具有取消或损害就业或职业机会均等或待遇平等作用的任何区别、排斥或优惠";②国际劳工组织《1958 年消除就业和职业歧视公约》中的"就业"和"职业"包括获得职业培训、获得就业和特定职业及就业条款和条件。现代劳动经济学认为:就业歧视存在于雇主为既定生产率特征支付的价格依据人口群体不同而表现出系统性差别的时候,具体反映在职业选择受到直接限制或既定人力资本获得较低报酬。③ 由于职业歧视的存在,使得某些人群因性别、年龄、民族、地域、贫富、宗教、经历、身体等因素,受到在职业选择、职位晋升、工资水平、接受培训等方面受到的不公正待遇。"在当代中国,年龄歧视、文凭歧视、性别歧视、经验歧视和健康歧视既严重又普遍,身高歧视、相貌歧视和户口歧视严重但不普遍,地域歧视和民族歧视普遍但不严重,姓名歧视和属相歧视则不严重也不普遍;就社会政策而言,目前迫切需要解决的就业歧视问题是:年龄歧视、文凭歧视、性别歧视、经验歧视和健康歧视。"④

1.性别歧视

《1958 年消除就业和职业歧视公约》对职场性别歧视的界定是:基于性别的原因,具有取消或损害就业或职业机会均等或待遇平等作用的任何区别、排斥或优惠,但基于特殊工作本身的要求任

---

① Henry Campbell Black. Black's Law Dictionary 9th ed[M]. West Group, 2009.
② 国际劳工组织. 1958 年消除就业和职业歧视公约[EB/OL]. http://baike.baidu. com/view/4621280.htm, 2012-11-10.
③ 张体魄:《就业歧视与农民工社会保障》,《农村经济》,2010(9)。
④ 张时飞、唐钧:《中国就业歧视:基本判断》,《江苏社会科学》,2010(2)。

何区别、排斥或优惠不应视为歧视。① 我国《劳动法》第 3 条明确规定:"劳动者享有平等就业和选择职业的权利。"第 13 条也明确规定:"妇女享有与男子平等的就业权利。在录用职工时,除国家规定的不适合妇女的工种或者岗位外,不得以性别为由拒绝录用妇女或者提高对妇女的录用标准。"然而,事实上,当前在我国职场领域,无论在就业机会、工资报酬、职业安排、劳动保障和发展机会等方面均存在着严重的职场性别歧视问题。具体表现为:首先,女性就业较男性更困难。由于工作岗位的缺乏和监管严重不力,有些工作岗位并没有明显性别要求的就业部门,在很多情况下招男不招女,或者有意提高女性录取标准,或者即使没有公开拒绝女性应聘者,但在具体确定录用人员时实际按照男性优先于女性的原则,为女性就业设置人为障碍。新疆维吾尔自治区就业局提供的数据显示,以 2011 年至 2013 年,自治区女性高校毕业生就业率为 86.33%,较全区三年平均就业率低 1.56 个百分点,较男性高校毕业生三年平均就业率低 3.46 个百分点,无论是遭受到性别歧视,还是工作岗位受限制,女大学生就业难已然成为整个社会无法回避的一个问题。② 2010 年 8 月中国政法大学发布的"当前大学生歧视状况的调查报告"显示,43.27% 的大学生被访者遇到用人单位明确要求是男性,性别歧视是各类就业歧视中最严重的。③ 2011 年,全国妇联、国家统计局联合开展的第三期中国妇女社会地位调查数据显示,城乡在业女性的年均劳动收入仅为男性的 67.3% 和 56.0%,且不同发展水平的京津沪、东部和中西部地区城乡在业女性的年均劳动收入均低于男性。

---

① Discrimination(Employment and Occupation) Convention,1958,http://www.ilo.org/ilolex/cgi-lex/convde.pl? C111.2010-11-20.

② 《中国教育报》,2014 年 6 月 17 日第 5 版。

③ 中国政法大学宪政研究所:《当前大学生就业歧视状况的调查报告》[EB/OL].http://cjrjob.cn/html/79/n-36679.html,2010-08-16.

2.户籍歧视

户籍歧视在我国是仅次于性别歧视的严重问题。1958 年我国开始实施户籍制度,把人口分为城市人口和农村人口,以法律形式限制城市间人口流动。然而,作为计划体制下形成的城乡二元户籍制度产生的社会身份的差别并没有随着改革开放的深入而发生根本变化,尤其是在北京、上海及东南沿海等大城市,由于政府长期推行的户籍制度未予以根本性变革,用人单位在招聘中普遍存在"限本地户口"或"限本地生源"等限制条件,使得很多非本地就业人员被排除在招聘之外。即使是各级政府部门的公务员招聘考试中,也存在严重的户籍歧视和地域歧视现象。① 由于户籍身份不同还出现了"同工不同酬,同工不同权"的歧视现象。姚先国等人根据相关调查数据的分析认为,城乡工人工资差异中 70%～80%是由城乡工人人力资本和就业企业的差异造成的,20%～30%则是由城乡户籍歧视造成的。② 户籍身份歧视已成为限制我国劳动力流动的制度性障碍,严重影响了社会的公正。

3.文凭歧视

时下在中国的大学生就业市场上,文凭歧视日益"显性化"和"普遍化",表现为对非"211"、"985"工程大学毕业生就业的歧视。2012 年 12 月,某网站调查了当年国内前 100 强上市公司近三年内的招聘信息,调查数据显示超九成以上的上述公司都会进入"985"或"211"大学进行校园招聘,而进入非"985"或"211"大学招聘的单位尚不足 10 家。③ 学历歧视不仅存在企业人才招聘中,同样存在高校人才招聘中,有学者统计了 2010—2013 年度国内 112 所"211"大学(含 39 所"985"大学)人事部门官方正式公布的招聘信息和人才引进政策发现:有 106 所高校在教师等科研人员引进过程中出现第

① 蔡定剑:《中国就业歧视现状及反歧视对策》,中国社会科学出版社 2007 年版,第 69 页。
② 姚先国、赖普清:《中国劳资关系的城乡户籍差异》,《经济研究》,2004(7)。
③ 《中国百强企业校园招聘九成偏爱"985""211"》,《华西都市报》,2012—12—13。

一学历歧视现象,占比高达 94.64%。[1] 校历歧视使大量非"名校"毕业生甚至将自己的"第一学历"称为"无法更改的痛"、"难以抹去的污点"。

4. 健康歧视

一般认为,就业健康歧视主要是针对残疾人的歧视,因此从联合国、国际劳工组织到各国的立法实践中往往可以找到有关的专门公约或法案。然而,健康就业歧视在现实社会又出现了病毒感染者的健康歧视(诸如对于艾滋病病毒感染者、乙肝病毒感染者的健康歧视)等多样化形式。尽管我国《残疾人保障法》明确规定残疾人享有同其他公民平等的权利,禁止歧视、侮辱、侵害残疾人。然而在现实生活中,用人单位往往会以"身体健康"的用人要求将残疾人拒之门外。2008 年元旦《就业促进法》正式实施,明确规定,"用人单位招用人员,不得以是传染病病原携带者为由拒绝录用"。但很多用人单位甚至是国家机关、地方政府在公务员招录中依然带有健康歧视。根据有关机构对 2010 年公务员招录的调查显示,年龄和健康这两种就业歧视占 100%。[2]《公务员录用体检通用标准(试行)》中规定"淋病、梅毒……艾滋病,不合格",其中对艾滋病没有区分在潜伏期的艾滋病人与发病期的艾滋病人,构成健康歧视。2010 年 3 月修订后的《国家公务员录用考试体检通用标准(试行)》和《公务员录用体检通用标准(试行)》仍未修改对艾滋病毒携带者歧视的相关规定。

(五)职业保障不周

雅斯贝斯说:"只要人被降格到仅只必须完成指定任务的地位上。做一个人与做一个工作者之间的分裂问题就在个人的命运中

---

① 汪栋、董月娟:《博士生就业市场"第一学历歧视"问题研究》,《中国青年研究》,2014(5)。

② 中国政法大学宪政研究所. 国家公务员招考中的就业歧视调查(2010)[EB/OL]. http://www.chinaqking.com/gn/2010/76535_2.htm,2011-03-22.

发生决定性的作用。"①职业作为人们的一种生活方式，必须体现出对从业人员的尊重、理解和关怀，使人们能在职业实践中实现其人生价值，否则，就会造成职业人自身的分裂。国际劳工组织1999年为应对全球化给劳动领域带来的挑战，在国际劳工大会上第一次提出了"体面劳动"的概念。但随着我国市场经济体制的深入发展，我国劳动关系呈现出多样化、市场主导化和复杂化的现实状况，体面劳动实现过程中还存在"劳资冲突"现象严重、社会保障制度体系覆盖面狭窄、职业健康问题难以得到解决等问题。

1. 工作环境较差，职业风险加大

随着我国工业化进程的加快，职业风险迅速扩张，劳动者职业伤害的概率也随之增高。目前我国职业病危害形势依然十分严峻，近年来，接触职业病危害人数、职业病累计数量、职业病死亡数量和职业病新发病人数4项指标均居世界第一。尘肺病、职业中毒等职业病发病率在我国居高不下，群发性职业病事件时有发生，职业病防治基础薄弱。据不完全统计，我国涉及有毒有害作业的企业超过1600万家，接触职业危害的人数超过2亿，发达国家已基本解决的传统性职业危害，如尘肺病、急慢性职业中毒等，仍然严重威胁着我国劳动者的生命安全和健康。每年我国约70万人患上各种职业病，死亡人数约1.5万。②据国家卫生和计划生育委员会通报，2012年共报告职业病27420例，其中尘肺病24206例。从行业分布看，煤炭、铁道、有色金属和建材行业的职业病病例数较多。③许多用人单位为了追逐利润，极力降低生产成本，缺乏起码的与劳动者生命健康息息相关的劳动保护措施，生产条件简陋，"三废"污染严重，无通风排毒设备，许多工人常年在高温、有毒、有害的工作环境中工

① ［德］卡尔雅斯贝斯：《时代的精神状况》，王德峰译，上海译文出版社1997年版，第55页。

② 罗云：《安全经济学》，化学工业出版社2004年版，第78页。

③ 卫生部：《关于2012年职业病防治工作情况的通报》，http://www.moh.gov.cn/jkj/s5899t/201309/9af5b88cc6ea40d592e8a5e0aa76914a.shtml.

作,身心健康受到了严重危害。2009年河南省新密市刘寨镇老寨村村民张海超"开胸验肺"事件引发社会对尘肺病的关注,"开胸验肺"事件深刻地说明了工人卫生安全存在严重的问题,农民工以如此惨烈的方式与命运抗争,拷问着我国的职业伦理道德,拷问着我国现有的职业保障体制。有的工厂实行封闭式生产,没有消防通道或通道堵塞,一旦发生意外,职工无法脱险;有的企业职工上岗前没有经过安全生产培训,没有配备相应的生产安全设施,从而导致劳动者出现职业病和工伤事故的比例较高。尤其是一些地方政府"唯GDP"的政绩观倾向,放松了对企业安全生产的监督力度,出现了大量严重安全生产事故,对社会稳定造成了严重影响。2013年6月3日清晨,吉林宝源丰禽业公司发生火灾,共造成121人遇难,76人受伤;2014年8月2日,江苏昆山中荣金属制品有限公司发生粉尘爆炸,造成75人死亡,180多人受伤。目前我国每年由于各种安全事故造成的经济损失达4000亿元以上。由于转型期经济形式多样、用工形式多样,劳动领域分散而复杂,灵活就业者逐年增多,从某种意义上讲,当前中国的职业伤害处于一种"失控"的状态。

同时,职业危害因素已不仅局限于直接造成职业人员的工伤事故以及传统的职业危害因素,随着职业领域竞争的增大,职员们除了面对显性职业危害因素外,隐性的职业危害因素也在扩大和上升。

2010年上半年深圳"富士康"公司"十连跳"事件,引起了社会的强烈关注。富士康作为拥有80万员工的全球最大企业,深圳"富士康"公司准军事化的管理、员工之间缺乏沟通的人际关系以及无休止的加班作业,从某种意义而言,处于弱势群体的工人是被企业挟持的,员工成了创造利润的活工具,除了劳动、睡眠之外,娱乐、休闲、社会交往、情感交流、社会网络等被严重地边缘化。无怪乎有员工感到"(公司)太大,(个人)太累,太孤独",跳楼者以自己最宝贵的生命进行抗争。富士康员工跳楼事件折射出当前社会和企业对员工精神关怀的严重缺失,只有把生活在社会底层的大批草根打工者从赚钱工具的机器人变成有血有肉的人,让他们能够有尊严的劳动,体面地生活,才能有效缓解各种心理问题,避免社会极端事件的发生。

隐形职业风险增大的另一表现是"过劳死"事件增多。2013 年"过劳死"现象频现报端。5 月 13 日,北京一位年仅 24 岁的广告人猝死在工作岗位上。据报道,去世前,他已连续加班 1 个月,每天 23 点以后下班;5 月 15 日,福州某知名 IT 公司一位年轻员工因过劳而引发病毒性心肌炎意外死亡;6 月 17 日,生前多次预言自己会"累死"的安徽小伙李哲在高温下加班 12 个小时后死亡。"过劳死"一词缘自日本,最早出现于日本 20 世纪 70 年代,是指由于过度的工作负担,导致高血压等基础疾病恶化,进而引发心脑血管疾病等急性循环器官障碍,使患者陷入死亡状态。统计显示,巨大的工作压力导致我国每年过劳死亡的人数达 60 万,已超越日本成为"过劳死第一大国",这意味着每天有 1600 多人死于因劳累引发的疾病。在私营企业和中小型外资企业中,劳动者每天工作 12 小时的情况成为平常的现象。光明网一个随机对 100 名分属于 20 个行业的"80后"上班族进行的调查显示:60%的人"经常加班",10%的人"偶尔加班";加班者中月平均加班超过 20 个小时的多达 65%。世界知名办公方案提供商雷格斯调查结果显示,中国内地上班族在过去一年内所承受的压力,位列全球第一。在全球 80 个国家和地区的 1.6 万名职场人士中,认为压力高于去年的,中国内地占 75%,中国香港地区占 55%,分列第一和第四,大大超出全球的平均值 48%。(2012 年 10 月 17 日《生命时报》)"吃得比猪少,干得比牛多,睡得比狗晚,起得比鸡早",在生存的达摩克利斯剑下,一部分职场人的生活像陀螺般运转。《中国新闻周刊》盘点了 13 大"过劳死"频发的高危职业,IT 精英、媒体人、网店店主、网络作家、医生等职业上榜。随着一个个年轻生命的猝然离去,给社会敲响了沉重的警钟,也让现行的劳动职业保障制度遭到严峻拷问。人们不禁开始审视中国职场的原生态,相对于经济体制和社会的转型以及职业风险形势的变化,我国职业安全保障制度的转型明显滞后。

2.劳动报酬与经济发展速度不成正比

一方面普通职工的收入水平与 GDP 增长相比,增速相对缓慢。荀关玉、白妍根据 1986—2008 年国民收入、全社会固定资产投资、就业人数的统计数据进行测算后认为,23 年间我国的劳动贡献比在国民收入分配中的比重逐渐下降,劳动收入占国民收入的比重也在一个较低的水平上持续下降,劳动收入比远远低于劳动贡献比。[①] 数据显示,我国劳动报酬占 GDP 的比重由 1995 年的 51.9%下降到 2007 年的 39.7%。为此,党的十七大报告提出要提高劳动报酬在初次分配中的比重,并采取了一系列的举措,使劳动报酬占比有所回升,2009 年达到 46.6%。尽管如此,我国劳动报酬占比仍然远低于国际上多数发展中国家和发达国家 55%～65%的水平。据野村证券对工业企业劳动力生产率的估算显示,劳动生产率在 1994—2008 年的年增速达 20.8%,而同期制造业的工资年涨幅仅为 13.2%。[②] 在东南沿海的一些民营企业,劳动者的工资水平则多年保持在较低的水平。另一方面,企业克扣、拖欠员工工资现象仍然比较普遍。《劳动法》规定:"工资应当以货币形式按月支付给劳动者本人,不得克扣或无故拖欠劳动者的工资"。但各地企业尤其是私营企业克扣、拖欠工人工资特别是拖欠农民工工资现象仍然比较普遍。这也是导致过去 10 年我国劳动关系冲突明显增加的重要原因。在 2011 年我国劳资关系冲突中,因劳动报酬问题占 42.6%,因社会保险和解除、终止劳动合同问题分别占 31.9%和 25.5%。劳资利益、劳资矛盾的失衡严重影响了社会稳定,也阻碍了经济发展。

---

① 荀关玉、白妍:《劳动收入在国民收入分配中合理比例判断的实证研究》,《商业时代》,2010(31)。

② 《长三角涨薪引发连锁潮》,《时代周报》,2010 年 6 月 17 日。

(六)理论研究薄弱[①]

近年来,学界对现代职业文化的研究在数量和质量上均有明显进步,研究队伍不断扩大,有一批博士也加入到对职业文化的研究中来,取得了一批阶段性的成果,这些为现代职业文化研究的进一步拓展、深化和完善奠定了基础。但我们必须看到,从整体上来说,当前现代职业文化的理论研究比较薄弱,明显滞后于我国职业发展的现状。

首先,职业文化研究成果数量不足。20世纪90年代以来,一些学者开始对中国职业文化建设进行反思和探讨,以期为推进中国传统职业文化的现代转化提供新思路。以"职业文化"为标题字段在"中国知网"中国期刊全文数据库查询目录下进行精确检索,发现共有相关研究论文84篇,最早的论文发表于1990年。2004年王文兵的《论中国现代职业文化建设》发表以后,关于职业文化研究的论文呈逐年增长趋势,可以说,真正从普适意义上对现代职业文化的研究始于2004年。党的十七大提出要推进社会主义文化大发展大繁荣,以此为契机,"现代职业文化研究"逐渐成为理论研究的焦点,从具体职业切入开展职业文化的理论探讨和实践建构研究呈现蓬勃发展之势,特别是关于教师文化和律师文化的研究尤为引人关注,在"中国知网"数据库关于教师文化研究的相关论文有798篇,律师文化的研究论文有277篇。遗憾的是,从目前所检索到的资料来看,我们还尚未找到涉及职业文化的理论专著,即使专设某一章节研究职业文化的著作也是难得一见。这也从一个侧面说明,作为一个学术研究领域,目前对职业文化的研究尚处于起步阶段,对职业文化的研究对象、研究范畴、研究方法甚至职业文化的概念都还没有形成较为一致的认识,还缺乏系统性的研究成果,这无疑给职业

---

① 沈楚:《我国现代职业文化研究现状与展望》,《职教通讯》,2013(25)。

文化的深入研究增添了困惑。

其次,职业文化深度研究和系统研究不足。当前关于职业文化零碎性、重复性的研究较多,深度研究和系统研究不足,有影响力研究成果尚未问世,尚未建构出职业文化研究清晰的理论框架与研究范式。在研究中存在概念混杂、简单移植、嫁接一般文化研究范式,成为一般文化研究的翻版,缺乏职业文化理论所特有的逻辑。这种简单的嫁接并没有给职业文化研究带来任何的学术积累,也不会真正提高现代职业文化的研究水准。学界对现代职业文化的研究视角还是比较单一,研究焦点主要集中在概念、内容、现状、途径等基本问题上,已有的关于具体职业的文化研究集中于教师、律师、医生、警察等职业,特别是涉及新兴职业的文化研究不多,研究水准不高,经验层面的研究超过理论层面的研究。同时,也鲜见对我国传统职业文化、国外职业文化及马克思主义职业文化理论的比较研究,缺乏对现代职业文化基本问题的整体规划与探索。跨学科研究者之间直接对话与交流不足,现代职业文化研究几乎是在与其他学科相割裂的语境中进行,缺乏共同的学术研究对话框架,遮蔽了我国现代职业文化研究的学术视野。我们必须突破当前职业文化研究视野不够开阔的局面,注重与其他学科开展对话,只有在丰富的学科对话中,才能找到职业文化研究的理论性课题,找到职业文化理论建构的逻辑起点。

再次,职业文化研究呈现"书斋式"倾向。对职业文化研究的方法论从根本上决定着研究过程的路径走向和研究结论的性质程度。科学研究提倡对现状的描述应力求基于实证分析和个案调查,因为这样的分析说理才有的放矢,更真实可靠。但从实际情况看,当下关于职业文化的多数研究或是基于主观观察,或是自我见解的阐述,多数研究成果属于没有实证数据的"问题—对策"型的一般性观点阐释研究,缺少基于职业文化行为主体的调查和内在心理、价值倾向分析的"行动研究",尚未跳出书斋式研究的窠臼。职业文化不是职业技术与现实文化的简单叠加,而是在特定的历史文化条件下,人类在改造自然、社会和人自身的连续性职业实践中生成和建构出来的生活样态。缺乏从文化哲学、人学的视野对职业文化的关照和审视,未能从人的职业实践中去解读它,未能从职业文化的产生、发展过程中揭示其本质特征及其发展趋势,理论研究的逻辑性不足。要克服目前研究中存在的缺乏事实依据,人云亦云"书斋式"研究倾向,而是在深入实践的基础上,紧紧围绕我国职业发展实践问题展开理论逻辑。

当前,现代职业文化实践的薄弱在很大程度上是缘于人们对现代职业文化的认识不到位。认识上的缺失、概念上的模糊、理论上的苍白,实践上的无奈,造成我国现代意义上的职业文化体系尚未真正形成。

三、当代中国职业文化现状原因分析

(一)现代职业文化培育家庭缺传统

家庭一般指的是以婚姻、血缘或者收养关系为契约的社会组成单位。家庭既是人类自我生产和繁衍的母体,每一个人都出生在一个特定的家庭之中,家庭承担了繁衍和哺育个体的功能,也是社会组织结构的基本"细胞",是社会文明教养、德行培育和文化传承的第一驿站,在个人的成长发展过程中,家庭有着无可替代的地位。马卡连柯指出:"不要以为你们只有在同儿童说话或教育儿童、吩咐儿童的时候,才是在进行教育,你们是在生活中的每时每刻,甚至你们不在家的时候,也在教育儿童。"①不同的家庭组成形式、不同的

―――――――――――

① 转引自肖凤翔,宋晶:《论"准职业人"的"主体性"人格教育——社会转型中德育的责任》,《中国职业技术教育》,2012(30)。

家庭价值观、不同的家庭氛围、不同的家庭行为模式均会造成对子女的影响。家庭是孩子的第一个课堂,家长是孩子的第一位老师,个体社会化的发端往往来自于家庭成员的态度和价值观念的影响,"儿童在最初阶段几乎总是自动接受一些态度和价值,通过自主作用将其内化"。①

家庭文化和家庭教育既是文化的重要组成部分,也是教育的基本内容。在长期的家庭生活中逐渐形成和积淀的日常生活方式、礼仪规范和道德伦理品格往往决定了一个人最初始的、最基本的、最内在的价值体认。在中国传统文化中,家庭文化在岁月延传中成为根深蒂固的传统。大家耳熟能详的《三字经》就明确提出了家庭教育的责任,"养不教,父之过"。我国古代最系统的家庭教育著作之一《颜氏家训》,也强调了早期家庭教育的意义:"人生小幼,精神专利,长成已后,思虑散逸,固须早教,勿失机也。"像孟母三迁、岳母刺字一类的家庭教育典故更是屡见不鲜。

家庭文化对子女职业价值观、职业能力的形成与发展起着重要影响作用。家庭成员所从事职业的范例作用,家庭成员对职业看法的潜移默化的影响,都会在一定程度上影响人的价值观和行为模式。索罗金在研究父亲职业地位对儿子职业流动的影响时发现,近代西欧社会中职业世袭的情况减少了,但是父亲的职业地位对孩子的职业地位有很大影响,非技术工人的孩子大多进入非技术的和半技术的职业,只有少数人成功地进入了大企业的经营者和上层专业人员的行列,专业人员及成功业主的孩子大部分进入了职业声望较高的职业,几乎没有成为工匠、技术工人和非技术工人的。② 孩子对职业的最初认识与了解往往是从父母的职业开始的,父母是孩子观察模仿职业角色的最早对象。父母的职业意识、职业态度及工作状态潜移默化地影响着子女最初的职业价值观、职业人格、职业态

---

① 克鲁克洪等著:《文化与个人》,浙江人民出版社 1986 年版,第 116 页。
② 陈婴婴:《职业结构与流动》,东方出版社 1995 年版,第 18 页。

度的形成与发展。同时,在当下的中国独生子女家庭,子女面临职业生涯选择时,往往会征求家长的意见,有时甚至是家长的意见左右了子女的职业选择。因此,个人的职业选择和职业发展受到父母的受教育状况、社会地位、家庭价值观、态度、行为、人际关系等因素的直接或间接影响。现在的父母越来越重视家庭教育,越来越渴望提高家庭教育的能力,但家庭教育在传承职业文化方面也存在许多误区。

1. 重言教,轻身教

父母是孩子观察模仿职业角色的最早对象,孩子对职业的认识最初来自于家长所从事的职业和家长的职业意识、职业态度、职业行为。父母在职业实践中表现出的"知、情、意、行"潜移默化地影响着子女最初的职业意识、职业态度、职业个性的形成。然而当前,对许多中国家长而言,往往重视言教而忽视身教对孩子的熏陶和无形的潜移默化的影响,尊重劳动、敬畏职业的职业文化意识比较淡薄。在现实生活中,我们常常能听到或看到当医生的父母不愿子女将来从事医生职业,当工人的父母希望子女将来最好不当工人而成为白领,因为他们更多地看到自己所从事职业的艰辛的一面。2013 年 9月,北京某大型三甲医院的一位资深外科医生发表的题为《孩子,医学院校是你最大的陷阱》的网络帖子让人们对医生这个职业望而生畏。该帖子说:"我们科室老中青三代共 40 多名大夫,只有一个人的孩子选择了学医。从医近 20 年后,我决定自己的孩子'男不学医,女不学护'。我坚决反对任何向我咨询的人去当医生、护士。我的外甥女就是在我的劝告下放弃了报考医学院。"《中国教育报》记者对北京某三甲医院的资深医生随机采访发现,他们中的多数人不希望自己的孩子学医。根据中国医师学会的调查,2002 年,不愿自己孩子学医的家长占 53.96%,2011 年这一数字增至 88.47%。①

---

① 《中国教育报》,2013 年 9 月 12 日第 3 版。

所以,现在我们对那些"教师世家"、"医生世家"等"职业世家"因其稀有就更为尊重和景仰。

2.重智力教育、轻生涯教育

由于当前社会仍然存在较为浓厚的"重学历文凭、轻技术能力"的文化观念,很多人不愿意当工人,对职业教育也存在歧视,观念问题成为我国在培养和使用技术工人中的主要问题。从家庭角度分析,望子成龙、望女成凤是中国老百姓的普遍心态,而孩子"成龙"、"成凤"的途径唯有好好读书,家长希望孩子获得考试高分,考取名牌大学、选择热门专业、找到高薪工作成为家庭教育简单而模式的目标所在,子女被认定为是获取分数的手段,而不是教育发展的目的。① 只要有一线机会上名牌大学谁也不会放过,有些家长把孩子的未来全寄托在能否考出优异成绩上,为孩子的学习倾注了全部心血,"家庭教育学校化"是目前一个突出的问题,家长成了助教。在中国的家长尤其是城市家长中,正蔓延着一种难以自拔的"群体性焦虑"。他们总是害怕自己的孩子输在起跑线上,于是两三岁的孩子就开始上各种培训班,有的孩子甚至报名参加七八个培训班,每到节假日,孩子就在家长的带领下穿梭于城市的各个培训学校。也正因为如此,尽管为学生减负在教育界已经喊了许多年,但中国中小学生的学业负担仍然很重。虽然学校布置的假期作业少了,且越来越趋向实践,但对中小学生来说,"寒暑假"仍是"奢侈"的代名词。前方是学校假期作业减负,后方就在家长的要求下迈进了补习班。寒暑假伊始,很多孩子开始了这样的"无缝对接"生活。由于把督促子女好好学习、检查作业、提高成绩作为家庭教育的第一责任,很多家长往往忽视孩子个性、精神和良好品德的养成,把教育理解为单一的智育,把家庭教育变成为纯智育,又把智育压缩为提高学习成绩。在中国的日常家庭教育范畴中,对子女进行职业生涯教育被长

---

① 万恒:《社会分层视野中职业教育价值的再审视》,华东师范大学 2009 届研究生博士学位论文。

期忽视,很多中国家长甚至不知道生涯教育是何物？魏世泰在其《成长阶段的职业生涯规划教育问题及对策研究》中指出,针对 0～14 岁年龄段家庭发放的 135 份有效问卷中,31.9％的家长从来没有听说过职业生涯规划教育,49.6％的家长听说过或了解一些,只有18.5％的家长对职业生涯规划教育有比较深入的了解。[1] 家长往往注重孩子知识的学习,关心孩子的学习成绩较多,对孩子职业生涯教育忽视了,甚至认为职业意识培养会干扰孩子的学习,很多家长潜意识里认为职业生涯教育是进入大学以后才需考虑的问题,现在只要好好学习,考上大学就可以了。在日常生活中培养孩子尊重劳动、敬畏职业的职业文化意识比较淡薄,一些合乎职业发展规律的教育形式总是被家长认为不值一试。正是家长对子女职业生涯教育、职业意识培养的漠视,导致孩子对职业的了解不深不全,职业意识、职业情感比较淡薄,不能准确评估自己的职业兴趣,忽视职业能力和职业素质的培养,缺乏职业生涯规划和明确职业发展目标。

3. 重家长意愿、轻子女兴趣

许多家长忽略孩子的情感发展,把家庭变成了学校,把自己变成了助教,过于关注孩子的学习成绩而忽视健康人格的培养,从而造成了孩子的"情感荒漠化"。不少家长无视孩子的心理、生理发展的特点和孩子的天赋个性、兴趣爱好,只是一味地按照家长的意愿去强行培养和塑造孩子,专制地为孩子设计好所谓的职业发展目标和人生成长道路,漠视了发展中的个体作为潜在的或显在的教育活动的主体所应有的人格尊严。一些父母对子女期望过高,工作轻松稳定、收入高、社会地位高的职业就是好职业的实用主义和功利主义倾向观念作为传统因素仍在影响着子女的职业选择和职业取向。特别是有些独生子女在高考填报志愿中的专业选择及就业单位的选择完全由家长做主,较少考虑孩子自己的职业兴趣和职业理想,

---

[1] 转引自家庭教育中的早期职业规划辅导, http://blog. sina. com. cn/s/blog_93da85ea0101ahl1. html.

子女不能按照自己的意愿自主地进行价值判断和选择。

（二）现代职业文化培育学校缺基础

联合国教科文组织在其 21 世纪教育委员会报告《教育：财富蕴藏其中》提出了"教育的四个支柱"的理念，即学会生存、学会认知、学会生活和学会做事。在现代社会，一个人要获得理想的职业并取得成功，就必须具备职业知识、职业能力和职业精神。学校教育不仅有计划、有组织地向学生系统传授专业知识和培养基本能力，而且各种教学活动、实践活动、校园环境和教师的言传身教、行为示范等因素都对学生职业意识、职业能力、职业道德、职业情感的形成产生影响。然而，目前，我国无论是基础教育还是高等教育抑或是职业教育，都存在着忽视对学生职业文化的教育、熏陶。

1. 基础教育阶段对学生职业文化教育的遗忘

发达国家都非常重视在孩提时代对学生进行职业意识的培养、教育，系统的生涯辅导和职业教育从幼儿园就开始了，让学龄前儿童在职业体验城中畅游未来的工作世界，体验职业文化、感受职业意识。瑞士幼儿园给小朋友上的第一课就是教孩子认识镰刀、斧头等祖辈开拓家园的简单劳动工具。虽然这种教育是以简单的、直接的方式引导儿童认识职业，但是从小接受这样的教育便在孩子幼小的心灵中种下了职业发展的种子，使人有了朦胧的职业理想追求，可能会对人的一生产生重大影响。20 世纪 70 年代初，美国联邦教育总署署长马兰提出了生涯教育的构想，引导青少年从"升学主义"转向"生计发展"。生涯教育强调：①生计教育课程应面向所有的学生，而不是仅仅针对某些学生学习的课程；②生计教育是一种持续性教育，包括自儿童早期直至中学后整个人生的历程；③凡中学毕业的学生，包括即使是中途退学者，都将掌握谋生的各种技能，以维持其个人或家庭生活的需要。以学校教育为例，生计教育举张：幼儿园至小学 6 年级阶段实行职业认识教育，主要是让学生了解各种职业教育概念,培养职业兴趣,认识通用与职业的意义、条件和所学课程与各种职业的关系。中学阶段的生计教育分三个阶段进行,7～9 年级为职业生计的初步探索阶段,开始熟悉各种职业;9 年级和 10 年级为职业抉择的开始阶段,在初步探索的基础上选择一个职业群学习,11 年级和 12 年级是职业预备阶段,在前一基础上选定一种职业领域进行学习和实际训练,12 年级以上是专业教育,学生在社区学院和大学里接受教育,以便将来从事技术性工作。[①]

  反观我国,在中高考的指挥棒和应试教育环境下,普通教育尤其是基础教育主要进行智力的教育,人们没有时间考虑甚至排斥其他相关的包括职业意识培养在内的素质培养,职业教育远离学生的生活。尽管我国小学已开设了社会、劳动等与社会实践紧密相连的课程,可是这些课程在大多数学校里却是以学生坐在教室里听讲课、看教材的方式进行的,根本达不到让学生了解实际社会、参与社会实践的目的。目前国内的职业生涯教育课程主要是针对大学生,国内只有少数中学在高中阶段开设了相关的课程,基础教育阶段开设职业生涯课程的学校几乎没有,生涯教育成为 3～15 岁学校教育的空白,但这个年龄段恰好正是培养孩子兴趣爱好和职业意识的阶段。基础教育中职业意识、职业文化教育的缺失导致我们的中学生普遍缺乏对自我的认识和了解,对自己的职业兴趣、职业能力、职业价值观缺乏深刻的分析。职业目标不明确,职业期望和定位模糊,缺乏职业规划意识,职业情感比较淡漠,职业态度不正确,很多中学生没有形成正确的职业价值观。由此也造成了许多学生在面临升学填报专业选择时显得有些迷惘,选择专业盲目从众,追求热门。对自己的职业兴趣、职业能力、职业价值观和从事的工作缺乏深刻分析,没有考虑是否符合自己的能力、兴趣、价值观,普遍存在急功近利的思想,单纯以收入高低作为择业标准。

---

  ① 转引自何光辉:《职业伦理教育有效模式研究》,华东师范大学 2007 年博士学位论文。

2.职业教育办学功利化倾向

职业教育是个人为了获得职业发展而进行的包括技能、知识、素质的训练与养成,并不是单纯地使一个没有技能的人能够掌握一技之长,而是要提高学生的综合素质,使他更好地同他的环境协调一致,更好地理解生活的真正意义,提高他个人的尊严。职业教育是以服务于人的全面发展为终极目的,并非只是服务于社会的工具。然而我国职业教育在规模快速扩张的同时,在一定程度上技术主义、功利主义的价值取向已经非常突出,单纯的注重操作技能的训练,片面强调专业技能的培训,仅仅满足于让学生获得从事某个职业岗位所需的实际知识和技能,忽视了职业教育的人文性文化内容,忽视了学生职业综合素质的培养,背离了教育的本质追求,必将会严重制约我国职业教育甚至是我国经济的持续发展。

一是职业院校办学理念出现偏差。职业教育以市场为导向、以实用为内容、以就业为标准,职业性强调过度,人文理性不足,把职业教育看成是纯粹的"就业"教育。强调一切为了就业,片面强调技能的培养,逐渐放弃了学校教育应该具有的功能,有些学校盲目跟着市场走,过分强调"无缝对接"、"市场需要什么学校就教什么",职业素养、人文素质养成的课程因"不实用"而被大幅压缩成为可有可无的点缀或替补,甚至干脆取消,把自己沦为职业培训机构,忽视了对学生生命意义与人生价值的引导。而任何教育一旦充斥功利性,其崇高性、理想性必然丧失殆尽。理想主义被现实主义所遮蔽,人文精神被技术主义所遮蔽,功利主义的思维和效应正以各种面目呈现在高职教育领域:有的高职院校在各种评比、申报中弄虚作假,热衷于短期项目的突击建设,追求以短期特色项目来提升学校知名度,学生"被就业";教师忙于课题申报、论文发表和职称晋升,对自己的育人使命缺乏应有的责任心,师生关系日渐疏离;学生忙于参加各类职业资格证书考试,而漠视人文素质的养成,他们的"人生理想趋向实际、价值标准注重实用、个人幸福追求实在、择业观念偏重实惠"。长此以往,可能造成高职学生成为有技能没信仰、有知识没智慧、有规范没道德、有欲望没理想的"单向度人"。①

二是在人才培养过程中,重知识技能传授,轻职业素养培养。职业教育对接职业、对接企业岗位,离不开对接职业文化。职业教育培养的人才大部分要走向一线岗位,而现代企业需要的员工,不仅要有熟练的技术,还必须有较高的职业素养和文化修养。然而,当前无论是课堂教学还是实践教学都存在着相对重视专业学科的系统性而忽视人的综合素质的全面性;相对重视知识传授和技能训练而忽视学生道德伦理教育、人文素养教育。强调无缝对接、基于工作过程、创设真实情境的教学方法和教学内容,致使知识特别是起着具有再生能力和作用的基础理论知识,被肢解得支离破碎,很难实现保证培养对象有能力、有实力应对职业流动和职业内涵要求的提升。同时,现有职业道德教育课程体系不完善,教学内容陈旧、教学方式单一。职业道德课程缺乏与专业、行业之间的联系,教材内容过于概念化、程式化,偏重职业道德理论和职业道德行为规范的传授,教材不能及时反映社会关心的热点问题及行业、企业对员工职业道德的要求与评价,教师注重职业道德知识的灌输,缺乏对学生职业道德选择能力、判断能力和解决职业道德冲突能力的培养,职业道德教育成了"无人"的教育。由于忽视"为什么遵守"的教育,只剩下"必须遵守"的道德教育,这种外在灌输式的教育难以取得道德主体的认同,只能停留在他律层面。很难使学生对职业道德伦理产生理论上认同、感情上接受、行动上落实,造成职业道德教育效果不明显、实效性不强的局面。在这样的教育观念下培养出来的人才其现代职业素养明显存在不足。②

3.高等教育中缺失职业文化教育

高等教育的根本使命是为社会培养合格的人才。有人说新生

---

① 沈楚:《文化自觉视野中的高职文化建构》,《江苏高教》,2013(2)。

② 王瑛:《国外职业道德教育的经验及启示》,《黑龙江高教研究》,2009(12)。

代大学生"有理想没方向，有个性没主见，有学历没学问，有知识没文化，成年人未"成人"，这或许有些夸张，但从当前大学生群体的社会表现看，很多年轻人选择大学时一片茫然，大学毕业后又一片茫然，职业岗位适应能力差、职业兴趣和职业道德缺乏、职业忠诚度不高和职业敬畏感、荣誉感不强，不知道自己喜欢做什么、擅长做什么却是不争的事实。这在一定程度上也与高等教育中职业文化教育滞后有关。

首先，职业生涯发展教育在高等教育中地位尚未得到足够重视。尽管大学生就业问题已成为全社会广泛关注的话题，但大学生职业生涯发展教育在高校仍未得到足够的重视，没有将其作为一项系统的工程来抓。有些高校虽开展了大学生职业生涯教育，但没有作为独立的学科加以重视，课程建设和教材开发缺乏系统性和针对性，课程设置比较随意，没有形成比较规范的课程体系。有些高校受传统教育思想的影响，重专业教育，轻职业伦理教育，没能将职业生涯教育的理念和思路渗透在学生的日常教学、管理中。

其次，对大学生职业生涯教育理解窄化。正因为职业生涯教育是终生性的全方位、全程性的教育，国外职业生涯教育不仅贯穿学校教育的全过程，还向家庭和企业延伸。由于我国的学生缺乏大学前教育阶段的职业生涯教育准备，这种现实注定了高校职业生涯教育需要承担更多的任务，包括职业生涯定向教育、职业潜能分析、职业生涯规划意识与技能的培养、职业生涯心理辅导、职业核心素质培养等方面。[1] 职业生涯教育的终极目标是实现"人职和谐"，以真正实现人的自由全面发展。然而，当前许多高校将职业生涯教育视同就业教育，以面向毕业生进行突击式就业指导代替职业生涯教育，其教育内容仅限于了解就业政策、传授面试技巧、准备就业材料等方面，就业指导仅仅是为了学生找到工作提高学校就业率指标，

---

[1]　陈军：《大学生职业生涯教育研究》，东北师范大学 2006 硕士学位论文。

功利性较强,对学生强化职业意识、坚定职业信仰、提高职业素质没有起到实质性作用。

再次,大学生职业生涯教育专业师资匮乏。有相当一部分高校没有成立职业生涯教育的专门机构,由学生处或就业处或"思政部"兼管,承担职业生涯教育的教师主要以专职学生辅导员为主,专业化、职业化、专家化队伍的缺失,已成为制约大学生职业素养培养的"瓶颈"。

(三)现代职业文化培育企业缺自觉

无论企业认识到还是没有认识到、是主动还是被动、自觉还是不自觉,都无法否认现代职业文化建设的"火车头"是企业,企业在发展自身企业文化的同时也在弘扬现代职业文化。然而,目前,我国能自觉意识到并主动承担起现代职业文化建设的企业还是少数,不少企业尤其是面广量大的处于生存阶段的中小企业还没有意识到企业的文化建设问题,其自身的企业建设理念、经营管理模式离现代职业文化建设要求还有较大距离,难以担当推动现代职业文化建设这一重任。总体来看,我国企业层面的职业文化建设还处于非自觉阶段。

1.企业人本责任伦理欠缺

我国传统的职业理念、行业精神主要是靠典章制度如商训、家训等方式通过或颂扬或惩戒进行凝练和传承。现在很多行业、企业还没有公约和宣言,从业人员入职时几乎没有什么标志性的仪式,有的甚至连规范都讲得很少,反映出有些行业、企业在职业文化建设上还处于初级的、浅层的、放任的状态。一些企业在文化建设上存在文化愚民主义的倾向,打着建设企业文化的旗号,却在本质上从来不重视、不尊重从业人员的尊严和劳动者价值,认为:"我给你发工资,你就必须无条件听我的",将职工看作是企业获取利润的活的生产工具。有些企业所有者在文化建设中存在急于求成的心态,对企业文化的期望过高,过度强调企业精神和经营理念,片面强调某种对自己有利的文化价值观,比如,过分强调员工对企业的忠诚和奉献,而忽视企业应该承担的社会责任、忽视对员工的个人价值和利益的尊重,漠视或践踏劳动者人格和尊严,没有树立以人为本的管理理念,劳动者的劳动合同、工资收入、劳动保护与劳动安全、社会保障、权益实现、劳动关系协调机制等方面保障不够,导致企业劳动关系紧张。尤其是在一些劳动密集型的中小企业,产品技术含量低,由于企业发展受国内外市场竞争影响波动较大,稳定性较差,在劳动力使用上更多地表现出一种利润追求,为了追求利润最大化不惜以牺牲从业人员的利益、健康甚至生命为代价,忽视职业伦理与社会责任的短期行为。从业人员对企业的要求是:尊重员工的人格、自我价值及首创精神;建立以人为本的管理制度;有机会参加职业技能培训、提高经济报酬待遇;享有包括失业、养老、医疗和工伤保险等社会保障,但这些要求往往会遭到企业主的否决,因为满足这些要求意味着企业成本的增加。

更有甚者,一些无良企业在追求经济效益中丧失了基本的价值判断,为了追逐经济利益,无视国家法律法规、无视该职业应该遵循的基本道德和良知,鼓励、怂恿员工去干一些完全违背职业规范、职业良知的事情。"福喜"作为一家享有盛誉的大型跨国企业,2014年7月,经媒体曝光其旗下公司上海福喜食品有限公司竟然由管理人员主导、有组织实施的违法违规及不诚信行为,令人难以置信。原国务院总理温家宝在任时曾多次强调:"企业家不仅要懂经营、会管理,企业家的身上还应该流着道德的血液。""企业家的身上不应该只流淌着利润的血液还应该流着道德的血液"应当成为每一个企业家在生产经营中遵循的基本道德要求和职业操守,不可以见利忘义,否则必将贻害企业、贻害大众、贻害社会。

2.职后教育培训与职业发展机制滞后

当前,随着社会经济和科学技术的飞速发展,知识更新、技术发展频率越来越快,对员工素质的要求越来越高,人力资本贬值加速,为了避免知识老化造成的人力资本贬值,就必须强化"再教育",员工就职后需要不断地学习新知识、新技术,想凭借在学校所学的知识技术在工作岗位上支撑一辈子的时代已经一去不返了。有关研究资料表明,一般劳动力职前所受的知识和技能仅占其一生所需知识技能的 1/10 左右,大量知识和技能是"在职培训"或在工作岗位上"干中学"完成的。可以说,当人们从"学生身份"转变为"职业人身份"后,"工作场学习"就成为人们提升职业能力与综合素质的主要途径。同时,随着大批"80后"、"90后"年轻人走入工作岗位,与他们的父辈相比,他们更在意自己的个人职业生涯发展,是否有更好的职业发展前景往往决定了他们对企业、对组织的忠诚度。然而,与发达国家相比,我国多数企业未建立员工职业发展管理制度,少数企业即使建立了也未有效付诸实践。一是企业对员工职后培训积极性不高。在职工培训方面我国已远远落后于发达国家。有这样一个案例,一个美国企业人力资源部经理问总经理:"我们拿出这么多的钱、精力和时间培训我们的员工,有一天他离职了怎么办?"总经理没有直接回答,而是反问道:"你说如果我们不拿出这么多的钱、精力和时间培训我们的员工,有一天他决定留下来怎么办?""以 1900—1959 年为例,美国用于改进机器设备的投资使企业利润增长 3.5 倍,而同一时期的教育投资却使利润增长了 17.5 倍……近年来,美国公司的教育支出以每年 5% 的速度增长,用于教育培训的支出却非常惊人,美国教育委员会已经确认有超过 7000 家公司能够颁发他们自己的学位。有些公司与社会大学建立密切的合作关系,代替公司进行培训。美国通用公司的培训中心每年耗资超过 1500 万美元,年培训人员可达 5000 人,而且每年还要组织 5000 人到国外接受各种培训。公司新录用的大学生,规定必须经过2～3个月的工作和学习,才能转为正式雇员。"①在日本,"由于认识到对企业员工进行培训,是一种比设备投资更重要的投资,所以日本企业对所属员工进行培训蔚然成风,实力越雄厚的大型企业,就越重视企业内教育。""在德国,职业教育被视为政府、社会、企业与个人的共同行为,是企业生存与竞争的手段,是个人生存最重要的基础及个性发展、感受自身价值和社会认可的重要前提。特别是企业界人士更认为职业教育就是产品质量,是德国经济发展的柱石。"②在德国培养一个一线工人平均要花费3万～3.5万欧元;约合人民币27万～31.5万元。与此形成鲜明反差的是目前在我国每年新增的劳动者中有近30%的人根本不经任何培训走上工作岗位,我国企业内部的培训机制尤其是中小企业仍然存在着重引进轻培养,培训意识不强,培训资金短缺。一些中小企业主甚至有"我花大力气培训员工,但可能有朝一日员工跳槽离去,我就成了'为他人做嫁衣'"的担心。因此,对员工的职业培训不愿投入。2009年,全国农村外出务工人员1.45亿,他们大多从事技术含量低的以体力劳动为主的职业。由于劳动力替代性较强,为降低企业成本,绝大多数雇主没有对农民工进行培训。《2009年农民工监测调查报告》显示,51.1%的外出农民工没有接受过任何形式的技能培训,文化程度越低接受过技能培训的比例也越低。③ 二是企业职后培训多技术培训少职业伦理培训。造成组织成员职业发展方向不明确,职业道德意识模糊,职业生涯发展迷茫,员工对自己的职业发展缺乏信心,员工的积极性、主动性不能得到有效激发,制约着员工素质的提高与员工职业的发展,也直接影响员工对企业的满意度,许多员工甚至因此离职。

---

① 王成荣、周建波:《企业文化学》(第二版),经济管理出版社2007年版,第263页。
② 石伟平:《比较职业技术教育》,华东师范大学出版社2001年版,第82、167页。
③ 国家统计局:《2009年农民工监测调查报告》,http://www.stats.gov.cn/tjfx/fxbg/t20100319_402628281.htm.2010-03-19.

3.缺乏职业文化建设系统规划

职业文化建设是一项复杂而艰巨的系统工程,是长期积累和企业有意识、有目的培育、建设的结果。建设职业文化需要制定体现时代特征、职业特点、企业特色,具有方向性、科学性、操作性,长远目标与阶段性目标相结合的职业文化建设发展规划。从实践来看,有的企业没有意识到职业文化在企业成长发展中的地位和作用,没有将构建职业文化摆在重要的议事日程,使职业文化长期处于"自然形成"的状态,没有形成"自觉培育"的浓厚氛围。我国企业能制定文化发展规划的较少,《2005·中国企业家成长与发展报告——企业家与企业文化》显示,制定有企业文化发展规划的企业总体上只占 28.1%;小型企业更少,仅为 20.3%;国有、私营、股份制和外商投资企业等各种经济类型的企业也都不高,其中国有及股份制企业总体水平相当,私营和外资企业均低于总体水平,分别只有 25.3%和 23.9%。①

缺少系统科学的职业文化建设发展规划,一方面使企业在推进职业文化建设上缺少科学理念的指导,导致在职业文化发展战略、文化执行机构与实现载体、文化建设保障措施等落实不到位,缺乏职业精神、职业规范的岗位践行机制,很难将职业价值观、职业规范、职业愿景的内在要求贯穿到职业活动的全过程和各个环节,更不能成为职工自觉的行为准则。在这种情况下的企业文化,往往只是纸上谈兵,停留于标语口号上,目标不明确,措施不到位。另一方面导致在职业文化建设过程中缺乏政策依据,很难持之以恒地坚持下去,存在文化建设"一阵风"的现象,往往因企业领导注意力的重视而重视,因企业领导的忽视而忽视。同时,在职业文化建设上缺乏科学的评估机制和监测体系。目前企业往往重视对经济利润指标和员工工作绩效的评估,而忽视对职业文化建设的评估。

---

① 《中国企业家调查系统》,《2005·中国企业家成长与发展报告——企业家与企业文化》,机械工业出版社 2005 年版,第 56 页。

(四)现代职业文化培育社会缺氛围

现代职业文化建设需要合适的社会环境氛围,如通过制定职业规范制度、宣传优秀职业人士、举办职业文化博览会和职业技能大赛、播放反映特定职业题材的文化影视作品等都可以起到传播职业文化、树立职业形象、提高职业地位的作用。1994 年春节联欢晚会上宋祖英演唱了《长大后我就成了你》,宋祖英以委婉的歌声,用教室、黑板、粉笔、讲台等意象深情赞颂了人民教师无私奉献的情怀,让人们加深了对教师职业的认识和理解,从某种程度上也提高了教师职业的社会地位。有许多年轻人正是被这首歌曲所感动,选择了教师这个职业以实现自己的人生理想和价值。然而,环顾我们当下的社会文化环境,市场经济利益至上对职业伦理的冲击、职业规范的不健全、政府部门监管的缺失、媒体舆论引导的娱乐化倾向等致使富有时代特征的现代职业文化建设社会环境支持不足。

1. 市场经济的利益最大化冲淡了职业道德、职业尊严[①]

一个人生活在社会环境中,其职业选择、职业态度必然会受到社会价值观念影响,甚至为社会主体价值取向所左右。改革开放以来,市场经济机制的等价交换原则被无限制地滥用于社会生活的各个领域,释放了人们追逐利益的动力,经济利益则成为支配各行业的行动准则,容易诱发利益至上,影响和改变了人们原先的职业心理。由于缺乏相应的文化制约力量,以及对市场经济的简单操作和片面理解,各职业都倾向于单纯的经济成本与经济收益的核算,忽视了职业的社会文化意义。对财富的占有欲,使各行各业淡漠了自己对国家、社会和他人应有的责任和对社会文化进步负有的使命,只顾追名逐利,诱发了投机心理和不正当的竞争行为,不知不觉地损害着职业道德,玩世不恭的社会风气也侵蚀着职业尊严。同时,

134

---

① 王文兵、王维国:《论中国现代职业文化建设》,《中共长春市委党校学报》,2004(4)。

市场的竞争导致职业分化严重,各行各业由于政府的导向和市场的作用受到不同的待遇,职业之间的关系处于紧张状态。社会流动性、职业流动性的增强、职业多样化发展以及职业变动的日益频繁促使人们重新考虑职业对于自己的意义。生存危机和经济竞争降低了人们职业追求的层次,对职业待遇的不满以及由此造成的社会心理失衡在很大程度上削弱了职业尊严感和责任感。爱岗敬业的教育挡不住物质利益的强烈诱惑,不少人已经将对人生意义的追求看做是职业之外的事情,就像韦伯所言"人竟被赚钱的动机所左右,把获利作为人生的最终目的"。正如有学者指出:"在物质世界极大丰富的同时,我们经常陷入沮丧、困惑和失落的海洋。我认为造成这一结果的一个原因是我们缺乏对价值的重视。我们没有花足够的时间去搞明白什么才是生活中真正重要的和怎样去得到它。"①

2.现代职业文化建设舆论支持不足

大众媒体文化对社会群体,尤其对青年人有相当明显的引领作用。与报纸、杂志等传统纸质媒体相比,网络、电视、手机的传播其吸引力、冲击力更强。它不仅强烈地刺激青少年的感官,更值得重视的是其传播的内容将会影响受众特别是青少年的价值取向和理想追求。因而,媒体在传播主流价值观方面责任重大,不能只顾收视率、点击率,更不能只追逐经济利益而忘记了媒体所应承担的社会责任。媒体传播什么、引领什么,必须旗帜鲜明、心中须有衡量的准绳。几年前一些低级娱乐节目主张"娱乐至死",只要我们打开报纸、电视、网站,几乎每天都能看到媒体对某某明星的私生活和负面新闻的爆料,一些媒体专门追着"美美""露露"们报道,一些影视制作和播出机构,专挑那些违法失德演员,为他们出镜、出名、出位大开绿灯。② 美国学者尼尔·波兹曼在《娱乐至死》一书中曾痛心地指出:"一切的公众话语都日渐以娱乐的方式出现,并成为一种人文

---

① 克里夫·贝克:《学会过美好生活》,中共中央党校出版社1990年版,第3页。

② 周由强:《媒体不应为炒作明星而放大负能量》,《光明日报》,2014年8月28日第2版。

精神。我们的政治、体育、宗教、新闻、教育、商业都心甘情愿地成为娱乐的附庸,毫无怨言甚至无声无息,其结果是我们成了一个娱乐至死的物种。"从一份调研材料看,青少年学生心中喜欢的偶像48.6%是歌星、影星,崇敬的科学家偶像仅占5.8%,而将道德楷模、劳动模范作为心中偶像的更是可怜,仅占1.4%。这不得不引起我们警惕和深思。现代职业文化建设不仅要挖掘我国传统职业文化的遗产,更要倡导、弘扬体现时代特征、中国特色的职业伦理精神、制度规范,推出代表时代精神的"职业英模"人物。然而,在当前的社会中劳动者的声音过于微弱,社会文化受财富和资本的影响表现出较为浓厚的轻视劳动和劳动者的势利心理。我们不反对媒体传播娱乐信息来缓解社会压力,但娱乐应当有度,媒体不能陶醉于低俗传播负能量,而是更有责任弘扬励志践行、振奋精神的健康文化,积极地向社会释放正能量。

3.政府引导监管不力

市场经济环境下,政府的主要职能是宏观调控,以规范市场经济健康有序发展。在社会转型期的职业文化建设中,政府同样具有主导作用,负有对社会各行业、职业监督、管理的社会责任。然而,由于多方面的原因导致政府对职业文化引导不力、监管失控。改革开放以来,在政治经济文化这三大系统中,我们非常重视经济建设和政治治理,文化自觉和文化建设的意识相对不足。在追求经济增长的冲动下,经济建设的各类指标成为衡量地方发展和干部考核、晋升最为关键的要素,而文化建设和人的发展却被忽视了面对改革开放过程中良莠不齐的外来文化冲击,我们在职业文化建设上缺乏正确有力的引导。许多地方政府为了实现自己的政绩,重视经济指标的完成情况,忽视职业领域出现的种种失德、失范甚至违法问题。一些政府部门没有有效实施对社会各个行业、商业企业及社会组织的合法合理监督。企业的不规范行为得到政府部门最大限度的容忍,有的甚至出于招商引资的考虑,对劳动者的安全保障、对环境安全的保护被淡化,对于资本侵害劳动的现象没有进行及时的制止和惩处,有时甚至形成庇护,致使违背职业伦理、法律法规的现象屡屡发生。这种政府对文化建设不重视、管理监督机制不健全,使得职业道德失范严重、社会信任危机加剧。

4.法制法规不健全

维持社会秩序和规范行为规则是法律的基本社会功能,推进职业文化建设、践行良好的职业道德行为,需要必要的法制强制以维持职业活动有序进行。随着我国现代化进程的深入推进和社会主义市场经济体制改革的深化,社会性分工的不断细化,社会职业划分越来越细,新型职业不断涌现,职业流动越来越频繁,职业领域中违反职业道德行为也层出不穷。当前,我国涉及职业活动领域的法制建设往往滞后于政治建设、经济建设、道德建设和职业发展现状。由于职业资格准入制度的不完善及相关职业法规的缺乏,在一些职业活动中就出现了法律真空,给劳动者在职业之间的流动带来了不确定性。在严重违反职业道德行为出现时,司法机关因缺乏法律依据不能及时有效地对失德行为予以惩治、打击,不利于规范从业人员的职业活动。同时,涉及职业活动中利益分配、社会保障、诉求表达机制建设等现有的法律法规还需根据社会发展实际进一步修订完善,统筹协调利益关系,调控弥合价值冲突。

第四章　现代职业文化与人的全面发展

　　"人的问题是一个常新的问题。只要生活在前进,思维在运转,这个问题就不可避免地和经常地提到人们面前,迫切地要求予以思考和回答。"①在关于诸多人的问题当中,人的全面发展问题是唯物史观的出发点和根本旨归。作为人类社会发展的高级目标,人的全面发展并不是一个单纯的仅具有终极关怀意蕴的概念,而是一个从量变到质变的螺旋上升过程,并且在这个发展过程中离不开文化的涵养与支持。恩格斯曾精辟地指出:"人的发展以文化的方式来进行,最初的、从动物界分离出来的人,在一切本质方面和动物本身一样不自由的,但是文化上的每一进步,都是迈向自由的一步。"②卡西尔也曾总结说,文化的"每一种功能都开启了一个新的地平线,并且向我们展示了人性的一个新方面",③从而推动着人类社会和人本身由低级向高级、由片面向全面发展。

---

　　①　[苏]格里戈里扬:《关于人的本质的哲学》,汤侠声译,三联书店1984年版,第3页。
　　②　《马克思恩格斯选集》(第3卷),人民出版社1995年版,第456页。
　　③　[德]恩斯特·卡西尔:《人论》,甘阳译,译文出版社2004年版,第313页。

一、人的全面发展的内涵

(一)人的全面发展的历史形态考察

如果说自从有了人类社会,就开始了人的发展,那么,自从进入文明时代,人类也就启动了探寻人的全面发展的心路历程。人的发展问题,历来是古今中外哲学家、思想家关注的一个重大课题。

我国古代的思想家,大多把理想化的人格称之为"士"、"君子"、"圣人"、"贤人"、"大丈夫"等,这是中国古代思想家对全面发展的人的理想设定。古代儒家倡导的礼、乐、射、御、术、数的"六艺"教育,即反映了当时对人的全面培养的要求。在西方,古希腊普罗泰戈拉认为,人是万物的尺度。亚里士多德提出了身体、德行、智慧和谐发展的思想。柏拉图在《理想国》中主张,人必须是身心和谐发展的人,教育是实现他的"理想国"的主要手段。欧洲文艺复兴之后,人权和自由思想得到宣扬,许多思想家对人性的肯定与张扬为人的全面发展提供了思想基础。卢梭主张教育要顺应人的自然天性,反对压抑人的个性或干涉、限制人的自由发展。洛克提出了系统的"绅士教育"理论,他认为,人就是一张白纸,一切由教育来决定。18、19世纪空想社会主义者圣西门认为:"十五世纪的欧洲人,不仅在物理学、数学、艺术和手工业方面有惊人的成就,他们还在人类理智可及的一些最重要和最广泛的部门都十分热心的工作。他们是全面发展的人,而且是自古以来首次出现的全面发展的人。"[①]欧文设计了未来新型社会——"劳动公社"或"合作新村",培养"全面发展的人"。[②] 黑格尔认为:"社会和国家的目的在于使一切人类的潜能以

---

① [法]圣西门:《圣西门选集》(下),何清新译,商务印书馆 1962 年版,第 138 页。
② 《欧文选集》(第 2 卷),商务印书馆 1988 年版,第 147 页。

及一切人类的能力在一切方面和一切方向都可以得到发展和表现"。① 但由于受到阶级性和时代性的局限,他们的思想只限于"文本"意义,而没有实践意义。

人的全面发展问题是马克思主义哲学关于人的学说的重要组成部分,是马克思主义的根本命题和最高理想目标。借用英国著名学者肖恩·赛耶斯的话说,人的全面发展是马克思主义追求的根本价值目标,在马克思主义理论中具有"本体论"的意蕴,"现实的人"构成了马克思关于人的理论研究的现实起点。马克思对人的认识实现了对历史的超越。认为"全部人类历史的第一个前提无疑是有生命的个人的存在。"②"创造这一切、拥有这一切并为这一切而斗争的,不是'历史',而正是人,现实的、活生生的人。'历史并不是把人当作达到自己目的的工具来利用的某种特殊的人格。历史不过是追求着自己目的的人的活动而已'"。③

马克思以唯物史观为方法论基础,从哲学、政治经济学和科学社会主义等领域对人的全面发展问题进行了科学考察,其思想也体现在马克思的相关著作中。如《1844 年经济学哲学手稿》、《共产党宣言》、《共产主义原理》、《哲学的贫困》、《资本论》、《关于费尔巴哈的提纲》、《德意志意识形态》、《反杜林论》等。马克思关于人的"全面发展"思想第一次系统表述是在《1844 年经济学哲学手稿》,在这部著作中,马克思从人的历史活动,尤其是工业活动本身去探讨人性的发展、人的自由以及人的全面发展问题,批判了资本主义异化劳动造成的片面畸形发展,提出了人的自由全面发展的理想目标。马克思在谈到人与动物的区别时指出:"动物的生产是片面的而人的生产是全面的","一个种的全部特性,种的类特性就在于生命活

---

① [德]黑格尔:《美学》(第 1 卷),朱光潜译,商务印书馆 1979 年版,第 59 页。
② 《马克思恩格斯选集》(第 1 卷),人民出版社 1995 年版,第 67 页。
③ 《马克思恩格斯全集》(第 2 卷),人民出版社 1995 年版,第 118—119 页。

动的性质,而人的类特性恰恰就是自由的有意识的活动"。① 在《德意志形态》及其后的《共产主义原理》、《共产党宣言》中初步形成并展开了这一思想。在马克思看来,人作为一种独特的物种,维持自身生命存在的创造性活动是人与其他物种的根本区别。在《1857—1858年经济学手稿》中,马克思超越了自我意识领域,从历史的角度考察了人的主体发展过程,对人的全面发展做出了更深入的辩证唯物主义论证。马克思认为,人的发展大致经历了三大历史形态,即"人的依赖关系(起初完全是自然发生的),是最初的社会形态,在这种形态下,人的生产能力只是在狭窄的范围内和孤立的地点上发展着。以物的依赖性为基础的人的独立性,是第二大形态,在这种形态下,才形成普遍的社会物质交换,全面的关系,多方面的需求以及全面的能力的体系。建立在个人全面发展和他们共同的社会生产能力成为从属于他们的社会财富这一基础上的自由个性,是第三个阶段。第二个阶段为第三个阶段创造条件。"②马克思在这里划分的人的发展的三个阶段或三种形态是与人类社会发展的自然经济形态、商品经济形态和产品经济形态三大形态相联系的。

第一阶段是人通过对自然的依赖和人身依附而组成社会关联的传统农业文明这一最初的社会形态。这一阶段人的发展表现为:原始丰富性的活动和能力、"自然化"的需要、"依附的"社会关系和"缺失"的个性。③ 这一阶段属于自然经济形态,由于人的对象化水平低下,生产社会化程度非常落后,人类认识自然和改造自然的能力都很有限,人的发展受控于自然,人的需要依赖于自然,生产资料既简陋又匮乏,人类的生产活动只是在低水平下简单重复,其生存状态呈现为自在自发的自然状态。由于人的能力发展有限,单独的个人很难与自然界相抗衡,在自然和社会面前缺乏必要的独立性和

① 《马克思恩格斯选集》(第1卷),人民出版社1995年版,第60页。
② 《马克思恩格斯全集》(第30卷),人民出版社1995年第2版,第107—108页。
③ 张军:《马克思人的发展三形态论析》,《社会科学辑刊》,2002(1)。

第四章 现代职业文化与人的全面发展

自主性,人类必须通过发挥群体的力量去与自然进行对抗,个人的生存和发展完全屈从于、依附于社会因血缘地缘关系或宗法关系形成的共同体,离开这个共同体,个体将无法生存。在这种共同体中,人们之间关系的主要特征是血缘关系、政治上的统治和服从关系。"虽然个人之间关系表现为较明显的人际关系,但他们只能作为某种具有社会规定性的个人而相互交往,如封建主与仆人、地主与农奴等等,或作为种性成员等,或隶属于某个等级等等"。① 这种依赖关系制约和决定着人们的行为方式和活动范围,人们的社会联系以家族、血缘为纽带和核心,人的一切活动都离不开自己所属的阶级或集团的范围,人们在极其狭小的范围内发生交往关系和社会关系。由此导致,在这原始的社会形态中,作为生命过程主体的不是个人,而是集体,人的自由而充分的个性发展受到极大的限制,人的本质难以得到展现。"在这里,无论个人还是社会,都不能想象会有自由而充分的发展,因为这样的发展是同个人和社会之间的原始关系相矛盾的。"②马克思说:"留恋那种原始的丰富,是可笑的,相信必须停留在那种完全的空虚化之中,也是可笑的。"③

第二阶段为自给自足的自然经济被资本主义商品经济所取代,人和社会进入到以物的依赖性为基础的人的独立性的阶段。和"人的依赖关系"形态相比,这一阶段出现了人的相对独立性。人的发展表现为"'商品化'的需要、'能动—片面'的活动、'物化'的社会关系和'独立—物役'的个性等"。④ 一方面在这一阶段由于机器的发明和科学技术的运用,单薄的人力和动物力被机械力所代替,社会生产力水平得到了极大的发展,分工合作的集体劳动代替了原先分散的个体劳动。人类不再是"像单个蜜蜂离不开蜂房一样,以个人

---

① 《马克思恩格斯全集》(第46卷)(上),人民出版社1979年版,第110页。
② 《马克思恩格斯全集》(第30卷),人民出版社1995年第2版,第479页。
③ 《马克思恩格斯全集》(第30卷),人民出版社1995年第2版,第112页。
④ 张军:《马克思人的发展三形态论析》,《社会科学辑刊》,2002(1)。

尚未脱离氏族或公社的脐带"状态存在,人逐渐地从"人我不分"、"人群不分"混沌的整体主义状态中走出来,人成了自由的劳动者。人和自然的关系也发生了根本变化,人不再依附、受控于自然,从对自然环境的适应转向了对自然环境的改造,成为自然的征服者、统治者。人身也不再依附于他人或一定的集团,使人在空间、时间和社会关系上开始获得独立性,人类的社会联系、需要、活动的能力得到了极大发展,为人的独立自主和全面发展提供了更加坚实的物质基础。

但是,在"物的依赖性"的社会形态里,人的发展的独立性还存在很大的局限性,用马克思的话来说,此时社会关系仍然束缚和压抑着人的独立性发展,这种束缚和压抑就是社会关系的"物化"或"异化","人们信赖的是物,而不是作为人的自身"。人依靠工业和科技确立了在自然界中的主体地位。但是,由于社会分工的不断细化及劳动对科技、资本和机器的依赖,个人被固定于某一特定的分工角色上,成为机器化大工业生产体系中的一个"部件",人成了机器和资本的附属品。人为了维持其生存,必须不断地出卖自己的劳动以获取货币,通过货币交换来取得他所需要的产品。在这一阶段,人与人之间的关系被物与物的关系所替代,社会关系中的属人性质消失了,"现实的个人"深深打上了"物"的烙印,商品拜物教和拜金主义控制着人的精神世界,人成为失去精神灵性的"经济人"。这种物化的社会关系成为一种盲目的力量凌驾于人们之上,使刚刚成为自然主人的人又成为自己的社会结合的奴隶,人们生产的目的只是为了钱而不是为了人,对物的过度依赖导致物的力量和价值遮蔽和吞噬了人的力量和价值。

第三个阶段"自由个性"形态相当于马克思、恩格斯所设想的共产主义社会。"建立在个人全面发展和他们共同的社会生产能力成为他们的社会财富这一基础上的自由个性"是该阶段人的发展的集中体现。① 这一阶段的主要历史特征是:"'真正丰富'的需要、'自由自主'的活动、'自由全面'的社会关系和'自由个性'等"。在这个阶段中,随着科学技术的发展进步,生产力高度发达,物质财富极大丰富,旧式分工被打破,此时,人的劳动既不再以人身依附关系为生产劳动的前提,也不再是依附于机器的片面性劳作,而具有自由自主的性质。人凭个人兴趣、爱好、能力,在自由支配的时间内进行创造性劳动,既不受他人的强制,也不受物的奴役。劳动成为生活的第一需要,劳动过程成为个人能力全面实现的过程,而不再仅仅是谋生的手段。人们在社会生产中充分发挥和展现人的能力,丰富和发展人的内在本质力量。"它既扬弃了'人的依赖'条件下屈从于自然力并为人的自然属性所凝固的自然自在的生存方式,又超越了'物的依赖'条件下依赖于物并为物所统治和支配的物化异己性的生存方式,从而开辟了向人的自为自觉的新生存方式变革的道路。"② 人们将在全面、丰富的社会关系中获得自由、全面的发展,人与人之间结成"自由人的联合体",人成为社会的主人。"人最终成为自己的社会结合的主人,从而也就成为自然界的主人,成为自己本身的主人——自由的人。"③

"作为人存在和发展的三种基本的具体历史形态和范式,各自具有其相对独立和完整的时代历史内涵。它们的历史发展,集中表征了人的存在方式的历史变革:不仅标示着人的生存方式的变革,而且标示着作为存在方式之价值表征的人的价值实现方式的转变,也标示着人之为人的内在精神文化特质亦即人格的历史变迁。"④

144

---

① 《马克思恩格斯全集》(第 46 卷)(上),人民出版社 1979 年版,第 104 页。
② 胡红生、张军:《从马克思人的发展三形态理论看人的存在方式的历史变革》,《学术界》,2003(2)。
③ 《马克思恩格斯选集》(第 1 卷),人民出版社 1972 年版,第 17 页。
④ 胡红生、张军:《从马克思人的发展三形态理论看人的存在方式的历史变革》,《学术界》,2003(2)。

（二）人的本质的内涵

"人是什么"与"人的发展"问题是马克思始终关注的重要问题。马克思认为，人的最根本的东西也即人区别于其他事物的最本质东西的发展是人最重要的发展。因此，要回答人的发展的问题，首先要回答"什么是人的本质"，对人的本质的科学认识直接决定了对人的发展的规定。

所谓本质就是指事物的根本性质，是事物本身所固有的，不以人的意志为转移的决定事物性质、面貌和发展的根本属性。千百年来，历代的哲学家、思想家、科学家都在不断地思考、探索什么是人的本质的问题，时至今日仍众说纷纭、莫衷一是。只有正确认识和深刻理解人的本质，才能更好地认识人自身，促进人的全面发展。①

1. 人的类本质是自由自觉的实践活动

人不是一种孤立的静止的存在物，人在关系中存在并通过实践活动来表现、确证自己。在《1844 年经济学哲学手稿》中马克思明确指出："一个种的全部特性，种的类特性就在于生命活动的性质，而人的类特性恰恰就是自由的自觉的活动。"这里马克思所讲的人的"类特性"就是人的类本质，马克思认为人是类存在物。"有意识的生命活动把人同动物的生命活动直接区别开来，正是由于这一点，人才是类存在物。"②这里的"自由的有意识的活动"其实就是指人的实践，人的实践活动是有意识、有目的性的价值指向，是人与动物区别的根本标志。因此，马克思说："通过实践创造对象世界，改造无机界，人证明自己是有意识的类存在物，它把类看作自己的本质。"③

---

① 聂立清、郑永廷：《人的本质及其现代发展——对马克思人的本质思想的再认识》，《现代哲学》，2007(2)。

② 《马克思恩格斯全集》（第 3 卷），人民出版社 2002 年第 2 版，第 273 页。

③ 《马克思恩格斯全集》（第 3 卷），人民出版社 2002 年第 2 版，第 314 页。

马克思、恩格斯改变了以往哲学家对人的本质的主观预设与唯心判断,从实践出发来阐释人的本质,第一次赋予人的本质以科学内涵。人与动物的根本区别在马克思、恩格斯看来就在于人通过实践肯定自身。我们必须把人理解为从事实际活动、进行物质生产的、活动的、实践的人。也就是说,我们必须从人的活动出发,才能理解人的现实的存在和人的现实本质。

作为人特有的存在方式的实践活动其最集中的表现是劳动。劳动是人类最终从动物界分化出来的根本标志,恩格斯1876年6月在《劳动在从猿到人的转变中的作用》中明确指出:"自然界为劳动提供材料,劳动把材料转变为财富。但是劳动的作用还远不止于此。它是一切人类生活的第一个基本条件,而且达到这样的程度,以致我们在某种意义上不得不说:劳动创造了人本身。"[1]劳动是人们全部社会关系形成和发展的基础,为人的活动提供了基本的框架,是一切历史的前提和基础。

劳动之所以是人的类本质,首先是因为劳动是人生存的基础——"一个很明显而以前完全被人忽略的事实,即人们首先必须吃、喝、住、穿,就是说首先必须劳动,然后才能争取统治,从事政治、宗教和哲学等等。"[2]同时,劳动的过程也是人能动地表现自我、肯定自我的过程,是人的本质力量展现的过程。通过劳动实践在改造客观世界的同时也改造了人类本身。对此,恩格斯曾明确指出:"在劳动发展史中找到了理解全部社会史的锁钥"。[3]

2.人的群体本质是社会关系

人既有自然属性又具有社会属性,自然属性是人类生命存在的基本依托,同时,人更是社会的存在物。离开生活于其中的社会就不能理解人,社会属性是最根本的属性。在马克思看来,自由的有

---

① 《马克思恩格斯选集》(第4卷),人民出版社1995年第2版,第373—374页。
② 《马克思恩格斯选集》(第3卷),人民出版社1995年版,第335—336。
③ 《马克思恩格斯选集》(第4卷),人民出版社1995年版,第258页。

意识的活动是所有人的共性,对于个别的具体的人,类本质太笼统。现实社会中的人是有社会差别的,自由自觉的活动并不能把不同社会中的具体的人区别开来,也不能区别人与人之间的本质差异。马克思认为,人一生下来就处在一定的人与人的关系之中,关系是人的存在与发展的基本方式,也是造成个人或群体差异的根本原因。马克思在批判费尔巴哈的抽象人性论时指出,"费尔巴哈把宗教的本质归结于人的本质。但是,人的本质不是单个人所固有的抽象物,在其现实性上,它是一切社会关系的总和。"①马克思强调人是社会的存在物,人最重要、最根本的本质规定是其社会本质,社会关系的存在意味着人的存在,社会关系的发展意味着人的发展,社会关系的消亡意味着人的消亡,不同的社会关系,成为把社会中的不同个人或群体区别开来的现实根据。人在自己的感性的实践活动中与他人所建立的社会关系是人的存在与发展的本质关系,社会关系构成了人存在与发展的基本场域,从而赋予人区别于其他动物的种种社会属性。人在社会关系体系中的地位决定着人的本质的生成与发展,决定着一个人能发展到什么程度和怎样发展,人的本质是后天在与他人的交往中形成和实现的。正如马克思所说:"个人怎样表现自己的生活,他们自己就是怎样。因此,他们是什么样的,这同他们的生产是一致的,——既和他们生产什么一致,又和他们怎样生产一致。因而个人是什么样的,这取决于他们进行生产的物质条件。"②人在社会关系上的具体定位,一方面突破了类本质的局限性,将人的本质追问由人与动物的区别引入到个体人的境界,同时又以社会关系的总和具体地再现了人的实实在在的区别,从而将人的本质现实化,实现了由人的类本质到人的社会关系本质的过渡。③ 只有人的社会关系本质才能把不同社会、不同时代的人区分

---

① 《马克思恩格斯选集》(第1卷),人民出版社1995年版,第56页。
② 《马克思恩格斯选集》(第1卷),人民出版社1995年版,第67—68页。
③ 张奎良:《关于马克思人的本质问题的再思考》,《哲学动态》,2011(8)。

开来,把人与人区分开来,才能看到具体的、历史的、现实的人。正是每个人所处的社会关系的不同、社会实践的不同,造就了人的不同本质。人的社会关系本质划清人与人之间的界限,把人的个体本质和个性凸显出来。

3.人的个体本质是人的需要

由生命活动的新陈代谢规律所决定,一切生物都有需要。动物的需要表现为一种无意识的本能追求,而人的需要是人的自身规定,它是人的全部活动的动因,从而与其他生物区别开来。"人有维持自身生存的物质欲望和需求,这把人同神区别开来;人的需要及其满足方式的特殊性又使人同动物相区分。人的需要是人性相异于神性和兽性的现实基础。"①人的需要是人的存在和发展的根据和表征,是人的自由自觉活动的原动力和人的本质力量的确证。1845年,马克思、恩格斯在《德意志意识形态》中明确表述了这一思想。人们为了生活"首先就需要吃、喝、住、穿以及其他东西。因此第一个历史活动就是生产满足这些需要的资料,即生产物质生活本身"。② 正是由于对人的需要的满足才产生了在自觉意识支配下的人的社会实践活动。当某一范围的需要得到满足之后,又会产生出新的需要,以此为动力进一步引导生产活动,从而推动社会进步,促进人的发展。马克思曾经批评旧唯物主义的一个最重要的错误,就是由于忽视人的需要而导致对人的忽视。

4.人的本质是类本质、群体本质和个体本质的统一③

马克思对人的本质的三个规定体现了人的存在和发展的抽象和具体、历史和逻辑、形而上和形而下的辩证统一。一方面,马克思关于人的本质的三个规定从不同的角度和层面揭示了人的本质的

---

① 项久雨:《需要:思想政治教育价值生成的人性基础》,《西安石油学院学报(社会科学版)》,2003(2)。

② 《马克思恩格斯文集》(第1卷),人民出版社2009年版,第531页。

③ 张本林:《马克思研究人的本质的三个视角及其逻辑关系》,《江汉论坛》,2010(4)。

普遍性、具体性、社会性和历史性：人的"类本质"侧重从人与动物的区别上揭示人作为类存在的一种普遍的共同的本质规定，从而使人与动物区别开来；作为"社会的人"的本质规定，人与人、人与社会的关系出发，着重揭示人的存在和本质的多样性、差异性、具体性和特殊性；而作为"个体的人"的规定，则是从个人与他人相联系、相比较的角度进行的，揭示人的现实发展和未来发展的前景。另一方面，在人的发展和解放的具体实践中，人的本质的三个层面又是密不可分的，每一个现实的人都是在一定的、具体的社会实践的基础上体现了"类本质"的人、"社会的人"和"个体的人"的具体的历史的统一。

（三）人的全面发展是人的本质力量的全面发展

人的本质规定了人的发展的特定内涵，换句话说，人的发展是人之为人的规定性的发展。"人"是类的人和个体的人的统一，"人的全面发展"既不是排斥类的单纯的"个人"的全面发展，也不是排斥个人的空洞的"类"的全面发展。全面发展与片面发展、畸形发展相对，是指人的发展的各个方面缺一不可，并且在每一个方面也必须获得多方面的、统一的发展。在《1844 年经济学哲学手稿》中马克思就明确指出："人以一种全面的方式，也就是说，作为一个完整的人，占有自己的全面的本质。"①在马克思的理论中，人的全面发展主要体现于作为主体的人的劳动能力、社会关系、需要和自由个性等的全面发展。

1.人的全面发展是人的需要的全面满足与充实

需要是指生命物体为了维持生存和发展，必须与外部世界进行物质、能量、信息交换而产生的一种摄取状态。这种状态，一方面表示了生命物体对外部环境的依赖和需求，另一方面也表达了生命物

---

① 《马克思恩格斯全集》（第 42 卷），人民出版社 1979 年版，第 123 页。

体对周围事物具有做出有选择的反应的能力,以及获取和享用一定对象的生理机能。从生理上讲需要就是欲望,需要反映在心理上就是希望、愿望和要求。就是生命物体为了自我保存和自我更新而进行的各种积极活动的客观根据和内在动因。①"需要作为一般范畴,它是人和整个社会的一种特殊状态,这种状态一方面体现了人和整个社会对其存在和发展的客观条件的依赖,另一方面体现了人和整个社会能够获取的享用一定对象的本质力量,它是人和整个社会的生存和发展的客观根据和各种积极形式的来源。"②需要是人的全部生命活动的动力和依据,需要的发展是促进人的全面发展的强大动力,人们总是从自己的需要出发开展实践活动的。而在马克思以前的哲学家们在理解人和社会活动时,"习惯于用他们的思维而不是用他们的需要来解释他们的行为。"③马克思曾经批评旧唯物主义的一个最重要的错误,就是由于忽视人的需要而导致对人的忽视。马克思正是从人的需要的角度出发,将需要看成是人内在的、本质的规定性,"在任何情况下,个人总是'从自己出发的'……他们的需要即他们的本性";④"人以其需要的无限性和广泛性区别于其他一切动物"。⑤

在马克思看来,需要是人类实践活动的基本动力和主要目的,也是人的生存状态的最深刻表现形式之一。人们的一切社会实践活动都是为了追求和满足某方面的需要而进行的,人的发展过程就是在需要的产生、满足,新需要的产生、满足中彰显其存在和价值的过程。马克思认为,需要是人与生俱来的内在规定性,是人的生命活动的表现,人的一切行为都是为了满足自己的某种需要。"任何

---

① 陈志尚主编:《人学理论与历史·人学原理卷》,北京出版社 2004 年版,第 193 页。
② 刘建新:《马克思现代性批判视阈中的人的全面发展》,人民出版社 2009 年版,第 250 页。
③ 《马克思恩格斯选集》(第 4 卷),人民出版社 199 年版,第 381 页。
④ 《马克思恩格斯全集》(第 3 卷),人民出版社 1960 年版,第 514 页。
⑤ 《马克思恩格斯全集》(第 49 卷),人民出版社 1982 年版,第 130 页。

人如果不同时为了自己的某种需要和为了这种需要的器官而做事，他就什么也不能做。"①马克思把生物的需要与人的需要进行了比对，他认为与动物的本能式的需要相比，人的需要则是超越动物物种尺度的"内在尺度"，人的需要无论在量上还是质上，以及发展向度上都具有广泛性和无限发展的可能性，具有层次性和可选择性。人的需要的全面发展主要表现为三个方面：②

一是人的需要的多样性发展。从人的需要的对象来看，有物质需要和精神需要。物质需要是以物的使用价值来满足人的需要，是作为肉体存在物的人不可或缺的最基本的需要，是人类社会生存和发展的基础。精神需要是指人生存和发展的精神文化的需要，它包括认知、审美、道德、情感、信仰和社会评价等方面的要求。物质需要是人的发展的外在物质条件，为人的精神生活的发展提供了前提和基础；而精神需要作为人的发展的内在精神条件，是人的物质生活发展的精神动力和思想保证。当代社会，人们在物质需要得到普遍满足的情况下，精神需要越来越成为人们追求的重要目标。缺乏精神素养的滋润，人的生活就会片面化甚至物化。二是人的需要的多层次性。从需要的发展来看，人的需要并不是一成不变的，恩格斯将人的需要分为生存需要、享受需要和发展需要三个层次。在人的一生中，需要是不断由低级向高级、由生存性需要向发展性需要和享受性需要发展的。马林诺夫斯基把需要分为基本需要和次生需要，其中基本需要是保证人的有机体得以延续的生理需要，而次生需要则是在满足基本生理需要的基础上产生的新的需要。美国心理学家马斯洛的"需要层次理论"，认为人的需要可分为生理需要（包括衣、食、住、性等基本需要）、安全需要（包括生活安定、免于恐惧等需要）、归属和爱的需要（包括情感恋爱、归属等需要）、尊重的需要（包括成就、名誉、威望、地位等需要）和自我实现的需要（即充

---

① 《马克思恩格斯全集》(第 3 卷)，人民出版社 1960 年版，第 286 页。

② 李德方：《促进人的全面发展——职业教育功能研究》，《职教论坛》，2012(4)。

分发挥自己潜能,实现自我理想的需要)等五个层次。① 在人的发展的不同阶段,人可能同时存在几类需要,但各类需要的强度是不同的,并且伴随着某些需要的满足其强度也在不断变化。三是人的需要的选择性。人生活在这个世界面临着诸多的需求与诱惑,其中不乏低级的、庸俗的需求。尽管人的本质中包括了自然属性,但是人的自然属性同动物的自然属性有着本质区别,动物的自然属性完全由本能决定和支配,人的自然属性则不单纯受本能支配,还要受理性支配。② 作为有理性的人不会不加选择地一味迎合人的所有需要,因为人在具有自然属性的同时更具有社会属性。一个理想的社会,除了应该满足人们基本的生理需要外,还要使人们满足较高层次的需要,并鼓励个人去追求自我实现。

2. 人的全面发展是人的劳动的全面发展

人的类本质(人与动物最根本的区别)恰恰就是自由的有意识的劳动实践。劳动是人的本质力量的展示、实现和确证,是人的本质力量对象化的集中表现,它是社会赖以形成和发展的前提和基础,离开劳动人类就无法生存。人通过劳动既改造客观世界,又改造人类本身,使自身在劳动中得到发展。

由于生产资料私有制和旧式分工致使资本主义劳动被异化,劳动对劳动者而言不是自由自觉的活动而成为奴役人的手段,劳动者个人失去了自主性和独立性。相对于旧式社会分工使人劳动能力片面发展、人及其活动碎片化而言,人的劳动的全面发展是指个人能依据自己的兴趣、特长和社会需要从事社会劳动,适应不同的劳动需求,劳动对人而言不再是谋生的手段,而是人的自由自觉的创造性活动,成为人的真正需要。马克思、恩格斯在《德意志意识形态》中指出:"在共产主义社会里,任何人都没有特殊的活动范围,而

---

① [美]马斯洛:《人类价值新论》,胡万福等译,河北人民出版社 1988 年版,第 23 页。

② 桑新民:《呼唤新时代的哲学——人类自身生产探秘》,教育科学出版社 1993 年版,第 77 页。

是都可以在任何部门内发展,社会调节着整个生产,因而使我有可能随自己的兴趣今天干这事,明天干那事。"①人们不再屈从于被迫的分工和狭隘的职业限制,每个人可以根据自己的兴趣、天赋、特长自由地选择活动领域。

3.人的全面发展是人的能力的全面发展

能力是人的本质力量的公开和展示,人类能力的全面提高和充分发挥是人的全面发展的前提,能力的发展程度直接制约着人的全面发展的广度和深度。在马克思的视野中,人的全面发展的核心就是人的能力的全面提高与发展。他指出"任何人的职责、使命、任务就是全面地发展自己的一切能力"。② "每个人都无可争辩地有权全面发展自己的才能"。③

对于人的能力的发展,我们要有科学的洞察和认识,人的能力是一个由多种因素有机结合而成的复杂体系,"从主体层次看,人的全面发展要求从人的微观个体到宏观人类都能获得能力的发展;从存在形式看,人的全面发展要求充分发挥人的现实能力和潜在能力,促进潜在能力不断向现实能力转化;从生理基础看,人的全面发展要求努力培养人健康的体力和智力、体能和智能,如社会交往能力、语言表达能力、道德感染力、审美能力、管理能力等等。"④人的个体能力的全面发展,并不是人的所有才能的均衡发展,使每个人都成为无所不能的"完人"或"超人",而是使人的全部才能都有发展的可能。要实现人的能力的全面发展就应该使每个人从旧的分工体系中解脱出来,根据自己的兴趣爱好自由地从事多方面的活动和发展多方面的能力,而不再屈从于外界的各种条件限制,在劳动中形成自己全面的综合的劳动能力。

---

① 《马克思恩格斯选集》(第1卷),人民出版社1995年版,第85页。
② 《马克思恩格斯选集》(第1卷),人民出版社1995年版,第243页。
③ 《马克思恩格斯全集》(第2卷),人民出版社1979年版,第61页。
④ 张晓敏:《人的全面发展:社会主义和谐社会的题中之义》,《理论学刊》,2005(12)。

4.人的全面发展是人的社会关系的全面发展

人并不是孤立地生存在世界中,人总是以与他人"共在"的方式生存着并通过生产活动来表现自己在社会关系中的存在。对任何个人来说,离开了社会关系便无法生存,无时无刻不在一定的社会关系中生存和发展。人就其本质而言是一种关系性的存在,马克思曾多次批判费尔巴哈没有从现有的社会关系,没有从那些使人们成为现在这个样子的周围生活条件来观察人们,而是停留在抽象的"人"上,没有看到真实存在着的大写的、活动的人。马克思认为,只有从人的实际社会关系出发,才能真正理解人的现实本质。"人的本质并不是单个人所固有的抽象物。在其现实性上,它是一切社会关系的总和。"①因此,人的发展也表现为人的社会关系的发展,人发展的全面性是现实中的、交往中的全面性而不是观念中的、想象中的全面性。这个判断表明:第一,人是社会关系的承担者,社会关系决定人的社会地位和社会角色。人是在一定的社会关系中产生、生存和发展的,人的本质在于人与动物不同的社会属性。每个人一出生便置身于一定的生产关系中,受一切社会关系的制约。每个个人只有通过这样或那样的方式与他人和社会发生联系才能获得他所要的东西,人无法走出人与人的关系。为此,即使是从个人主观性出发的存在主义者萨特也承认:"那个直接从我思中找到自己的人,也发现所有别的人,并且发现他们是自己存在的条件。"②正如马克思指出的,"人们在生产中不仅仅同自然界发生关系。他们如果不以一定方式结合起来共同活动和互相交换其活动,便不能进行生产。为了进行生产,人们便发生一定的联系和关系;只有在这些社会联系和社会关系的范围内,才会有他们对自然界的关系,才会有生产。"③第二,人的外在社会关系的广度反映着人的本质实现的

---

① 《马克思恩格斯选集》(第1卷),人民出版社1995年版,第294页。
② 鲁洁:《关系中的人:当代道德教育的一种人学探寻》,《教育研究》,2002(1)。
③ 《马克思恩格斯选集》(第1卷),人民出版社1995年版,第85页。

程度。马克思说:"社会关系实际上决定着一个人能够发展到什么程度。"①一个人的眼界、胸襟、气度如何与他的社会联系广泛与否密切相关。一个人的社会联系越广泛,社会关系越丰富,他的阅历、眼界、胸襟、气度也就越广阔,他的精神世界就越丰富。随着社会生产力的飞速发展和交往手段的丰富,人们的联系和交往日趋广泛和丰富,使人的社会关系由贫乏变得丰富,由封闭变得开放,由片面变得全面。这种联系和交往在丰富人的社会关系、拓展人的社会阅历、开阔人的胸怀、扩展人的活动空间和交往范围的同时,也改善了人的经济关系、政治关系、文化关系、法律关系和伦理关系等,增强了人的自主性和协作性,使个人的全面发展有了可能性。第三,在现实生活中,各种社会关系地位并非是同等重要的,人所处的社会关系有主次之分,不同的社会关系对人的发展所起的作用也不尽相同。但经济关系始终是最根本的关系,人在经济关系中的状况往往决定他在其他关系中的地位和角色。人的社会关系的发展主要表现为:②一是人的对象性关系的全面生成。它是指人通过与世界多种多样的关系,全面地表现和确证自己的完满性,使人不仅通过思维,而且以全面感觉在对象世界中肯定自己。二是个人社会关系的高度丰富性和社会交往的普遍性。它是指个人积极参与各领域、各层次的社会交往,同其他的个人,从而也就是同整个世界的物质生产和精神生产进行普遍的交换,使个人摆脱个人的、地域的和民族的狭隘性。社会关系实际上决定着一个人能发展到什么程度。马克思说:"个人的全面性不是想象的或设想的全面性,而是他的现实关系和观念关系的全面性"。③ 交往的普遍性意味着随着生产力、分工和交换的发展,个人作为独立的主体,参与交往的范围越来越广泛,交往对象越来越普遍;人的物质交往和精神交往的充分发展,

---

① 《马克思恩格斯全集》(第 3 卷),人民出版社 1960 年版,第 295 页。

② 参见徐斌:《制度建设与人的自由全面发展》,人民出版社 2012 年版,第 67 页。

③ 《马克思恩格斯文集》(第 8 卷),人民出版社 2009 年版,第 171 页。

同时摆脱了相互之间的分离状态,不再从属于独立于人之外的共同体而具有独立性,人们之间的交往形成良性互动;交往从自发的自然共同体交往、社会共同体交往转向世界共同体交往,个人越来越成为世界历史中的个人,成为世界性的公民,能够利用人类全面生产的一切积极成果丰富和发展自己。社会关系的发展不仅表现在其内容的丰富性上,而且还表现为个人之间的关系成为他们自己的共同的关系,联合起来的个人实现对他们社会关系的全面占有和共同控制。

5.人的全面发展是人的个性的自由发展

自由个性发展问题是马克思、恩格斯关于人的全面发展理论的核心问题,个性的发展是人的全面发展的综合体现和最高目标。马克思认为,人的发展在一定意义上就是"有个性的个人"逐步代替"偶然的个人"。人的发展是充满独特性、主体性、不可复制性的发展,而不是模式化的发展,人的全面发展必须体现在每个人自由个性的发展上。个性的全面发展表现为个人主体性水平的全面提高以及个人独特性的丰富,能按照社会的需要和自己的意愿、兴趣相对自由地发展自己独特个性和创造性活动,也就是说人的自觉能动性、创造性和自主性得到全面发展。人的个性的全面发展既是人的全面发展的重要内容,也是社会进步发展的必要条件和可靠源泉。在密尔看来,个性与发展是一回事,没有个性,就无所谓发展。"人类能够成为万物之灵,与其说是因为高度发达的智力,还不如说是因为高度发达的个体差异现象。从外表的容貌到内在的灵魂,每一个人都独一无二。自然史与文明史在此意义上相交。"①因此,人的全面发展既不是所有的人按一个标准、一个模子的发展,也不是每个人的所有方面整齐划一地发展,"需要按照那使它成为活东西的内在力量的趋向生长和发展起来。"②人的个性的发展不仅是人自

---

① 陈蓉霞:《达尔文和密尔张扬个体价值150年》,《东方早报》,2009年11月25日。
② [英]约翰·密尔:《论自由》,商务印书馆1982年版,第63页。

身实现全面发展的内在追求,同时也是社会发展进步的基础和条件。没有个人意志的充分张扬和个人自主性的激发,社会就缺乏创新发展的生机和活力,将变得单调沉闷、颓废无望、毫无生机。

必须强调的是,马克思所说的"人的全面发展",不是抽象、孤立的人可以实现的发展,而是指现实的、具体的、社会中的个人的发展,不是"某一个人"的发展,而是社会"每一个人"的发展。因为"一个人的发展取决于和他直接或者间接进行交往的其他一切人的发展"。①

二、人的全面发展呼唤现代职业文化

职业文化与职业人的发展之间呈现出一种双向构建的功能关系,亦即"职业文化"与"职业人发展"之间,并不仅仅是"影响"与"被影响"或"制约"与"被制约"的单向度的功能关系,而是相互作用、相互规定和相依相生的双向建构的功能关系。

(一)人的全面发展呼唤现代职业文化

人的发展与文化的发展是一种互动的关系,人既是一定文化发展关系的创造者,又是被一定文化关系改造、润浸的对象。换言之,没有人就没有文化,没有文化也就没有人。人的发展以文化的方式来进行,"最初的、从动物界分离出来的人,在一切本质方面和动物本身一样不自由的:但是文化上的每一进步,都是迈向自由的一步。"②

在现代社会,人类的生存和发展都离不开职业,职业的选择和追求几乎渗透每个人的生活领域,职业活动成为个人一生中最重要

---

① 《马克思恩格斯全集》(第3卷),人民出版社1960年版,第515页。
② 《马克思恩格斯全集》(第3卷),人民出版社1995年版,第456页。

的社会活动,作为个体的人的发展往往是通过职业发展来体现和实现的。从某种意义上说,职业作为一种普遍的社会存在承载了人生的太多内容,职业不仅仅是个体获取收入维持生活的途径,而且还体现为一个"场",在这个"场"中,个人能力得到展示、人生理想得到实现,人生意义得到彰显。在这个人与职业世界交融的过程中,人通过自身本质力量的表达,不仅传承、改造着职业文化,同时,也是一个人接受、融入职业文化作为客体力量的规约从而获得新的发展的过程。

1.人的本质力量的发展呼唤现代职业文化

人的发展首先体现为人的本质的发展,人是本质力量的发展过程和结果。人通过对象化的活动表征自己的本质力量和发展程度。马克思对人的本质的认识是与劳动实践、社会关系(尤其是生产关系)、人的需要等因素联系在一起的,突出了人作为自然属性与社会属性的完整统一。也就是说人及其发展不仅与生物因素、自然因素相关,人的发展还受文化因素的决定与影响,人的本质和文化的本质是相互规定着的。作为人类发挥自己的主体性,进行社会生产和社会生活产物的"文化",是人类在长期的社会生产和生活实践中形成的本质力量的"外化"、"表现"和"确证","文化"就是"人的文化","人"就是"文化的人"。从过程看,人的本质力量表征为对各种社会及自然的关系的驾驭和改造,是个人既有本质力量的表达与新本质力量的生成过程,[1]职业实践活动成为表征、展现、确证个人本质力量的重要平台。在现代社会,职业作为个体参与社会分工的媒介,个体在参与职业活动的过程中形成了个体与个体、个体与群体、个体与社会之间的关系,职业岗位成为个体展现其社会性的重要场域。在一定意义上讲,职业岗位平台成为连接个体与个体、个体与社会的最主要中介之一。通过以职业岗位为中介的现实社会实践

---

① 宋元林等:《网络文化与人的发展》,人民出版社 2009 年版,第 98 页。

过程和社会互动过程，个体的人才成为社会的人，人的本质力量、自由个性才得以实现。从结果看，人的本质力量表征为对自然、社会和人自身的改造，而人改造社会和自然的方式就是从事一定的职业包括从事特定的物质生产劳动和从事特定的精神生产劳动，并以此维持人的生存发展并促进社会的进步。现代职业文化既为人的本质力量表达所创造，是人在丰富的职业实践与职业活动交往中创造的结果，同时，职业文化又构成了职业实践活动的内在机理和方式，成为促进人在一定的职业实践与职业交往活动中进一步生成新的本质力量并推动其迅速增长的重要载体，人的本质力量的增长与发展，必然通过人的职业实践活动与职业文化的丰富而获得日益提高。

人的本质力量的发展呼唤现代职业文化，就在于：人的本质力量的增长是人的主体性、创造性的发展。现代职业文化既是人在职业实践活动中体现的自我意识、主体意识和创造意识发展的产物，又是推动人的自我意识、主体意识和创造意识进一步发展的文化条件和社会环境。作为人们在职业实践中历史地凝结成的稳定的生活方式的职业文化，它以必要条件的形式存在于个人在社会中生存和发展的所有环节，它不仅是简单地满足人的生存需要，而是在此基础上扬弃自己的受动性，是个人的本质力量得以实现的平台，可以使从业主体的本质力量得到丰富和凸现。在职业活动中，通过主体创造性的实践活动，从业人员按照自己的内在尺度对外部对象进行不同方式的加工改造、设计组合、开发改变；同时在职业实践中又改造了人的主观世界，个体通过接受各种职业思想、职业知识、职业技能、职业行为规范，逐渐从自然的生物人演变成社会的职业人，主体的内在尺度如主体意识、自觉意识、创造意识等也得到了外在的客观的印证，并且在职业实践活动过程中印证人的本质力量，在职业实践中发现作为职业主体的存在意义和人生价值，从而丰富了人的内在结构与本质力量，使自身的本质得到了确证和发展。

2.人的职业实践活动日趋丰富呼唤现代职业文化

人的发展与其所从事的社会实践活动是直接同一的,职业实践领域的拓展和职业活动的日趋丰富,既是人不断追求自身发展与进步的结果,又是促进人不断发展和提高的根本动力,还是呼唤和催生现代职业文化与时俱进的重要因素。进入现代社会以来,科学技术迅猛发展、社会分工不断细化、产业结构不断升级,人的职业实践活动日趋丰富和发展,职业实践领域的扩大和职业活动的多样化既拓展了现代职业文化的发展空间,为职业文化创新提供了实践基础,同时,又需要新的职业文化来指引、指导职业的发展。

一是人的职业活动领域的日益扩展与职业实践对象的多样化、丰富化呼唤现代职业文化。进入 20 世纪 50 年代以后,人们的社会实践范围和领域伴随着现代科技的迅猛发展得到了前所未有的拓展。如果说在传统的农业社会人们的职业领域主要局限于农业、手工业及畜牧业领域的话,那么工业社会的发展则在传统农业的基础上分化出工业、社会服务业等专门领域,使人的职业实践活动也进入到工业、社会服务业等其他领域;进入知识经济和信息时代以后,人的职业实践活动范围进一步超越了地域,新的产业与行业不断涌现,实体经济与虚拟经济相互交织,国际化分工与协作不断加强,从而又极大地拓展了人们的职业实践活动范围①。同时,社会分工的细化,并没有把人们的职业活动单独割裂出来,反而使人们之间的社会联系更加密切了。现代职业已发展成为一个相当严密的体系,成熟的职业之间往往有着明确的标准和界限。任何一种职业活动都不能脱离其他的职业活动而独立存在,不同职业之间的联系既错综复杂又井然有序,每一种职业活动都有其相应的上游行业(产品)和下游行业(产品),每一种职业活动必须与其他的活动合作才能使其持续地生存与发展。人的职业领域的拓展、职业实践活动

---

① 宋元林等:《网络文化与人的发展》,人民出版社 2009 年版,第 99 页。

的丰富和复杂需要传统职业文化加快转化,呼唤现代职业文化建设。

其二,人的职业实践活动的工具与手段日益技术化、智能化和职业活动过程及形式的日益组织化与专业化呼唤现代职业文化。一方面,科技的进步与发展不断影响、改变着人的实践活动方式,使人的职业活动日益走向专业化、技术化、信息化。现今社会,人们在职业实践活动中越来越依赖于现代科技提供的各种劳动工具,各职业对于从业者的要求也越来越高,从业人员需要得到从事本专业的相关技术资格。另一方面,现代职业活动大多是以专业化的生产组织为依托,人们相对固定在某一个生产组织中从事自己的职业岗位,由一套相对严格的组织制度与规范体系而将成员密切联结起来的专业性组织成为人们职业实践活动的基本形式,为了提高生产与工作效率,职业组织就必须建立一定的职业规范、职业标准,因而现代职业组织的发展,内在地呼唤着现代职业文化的发展。

其三,人的职业实践活动功能与意义的拓展呼唤现代职业文化。职业活动作为个体生产、生活实践的重要内容和主要形式,是人类生存、发展的现实基础和根本前提,在人一生的实践活动中占据中心的位置。对于大多数人而言,一生中至少有三分之一的时间与精力从事职业活动。个体参与职业活动一方面是为了满足谋生的需求,社会上每一个正常的人,都是通过从事一定的职业活动来获取劳动报酬和物质资料,维持其自身和家庭成员的生存发展。社会的延续和进步必须依靠人类的职业活动提供物质条件和文化生活需要。另一方面职业实践活动也是实现人生价值和意义的平台。从终极的意义上说,人生不是走向虚无,而是走向无限的、更高的存在。人们从事一定的职业,也不仅仅是为了维持生计,职业活动也为我们提供了充分发展自我、实现自我、超越自我的机会,使人们在创造性的职业活动中实现为他人、为社会、为人类创造价值。在这一过程中,职业文化有助于人们更好的理解自己所从事职业的价值,充分认识自身所从事职业的社会意义和责任担当,增强职业使命感、自豪感;职业文化可以满足职业人的情感需要,丰富职业情感,缓解职业压力,调节情感冲突,使职业岗位、职业组织成为自己的精神家园和情感归依的重要平台。

(二)人的全面发展对发展现代职业文化的作用

文化创新与人的全面发展是密不可分的,在人类历史发展过程中,人的发展与文化的发展是一个伴生过程。一方面,人是社会中的人,人的发展离不开一定的文化环境,文化创新促进人的全面发展。另一方面,"在社会历史领域内进行活动的,全是具有意识的、经过思考或凭激情行动的、追求某种目的的人;任何事物的发生都不是没有自觉的意图,没有预期的目的",①恩格斯这句话非常明白地告诉我们,人是社会历史活动的主体,是构成社会有机体的唯一能动要素,人的发展是社会发展的前提和基础。人也是文化建设、文化创新、文化变革的主体力量,人的发展是推动文化创新的决定因素。人的本质力量、激情、欲望、价值追求对现代职业文化建设具有重要作用,离开了人的发展就谈不上职业的发展和职业文化的发展。马克思说:"正像社会本身生产作为人的人一样,社会也是由人生产的。"②因此,在职业文化与人的关系中,我们在肯定职业文化对促进人的发展具有重要作用的同时,也不应忽视问题的另一面,就是人的全面发展的诉求规定和推动了职业文化的建设和发展。人对职业文化的意义不亚于甚至超越于职业文化对人的意义。尽管现代职业文化作为意识形态的一部分,职业文化建设是由生产力的发展要求决定的,但职业文化设计、职业精神的提炼、职业制度安排、职业实践活动的运行、对职业文化的评价方式等都是由人运作和完成的。当然,从根本上说,生产力的发展程度也取决于人的发

---

① 马克思、恩格斯:《马克思恩格斯选集》(第4卷),商务印书馆1996年版,第243页。

② 马克思、恩格斯:《马克思恩格斯文集》(第1卷),人民出版社2009年版,第187页。

展程度。从这个意义上说，人的发展是职业文化发展的直接依据和内在动力，人的发展规定着、推动着职业文化的建构和完善。

人的自由全面发展对职业文化建设的作用表现为两方面：一是推动作用；二是制约作用。

1. 人的全面发展促进和推动职业文化建设和改革

人的需要是推动社会进步的根本力量，也是促进职业文化发展的力量所在。其一，人的发展要求是职业文化发展的直接依据和内在动因。随着社会实践水平的提高，人的需要和利益追求也在不断发展，人的需要和利益追求提出职业文化改革和建设的内在动机，把理想的职业活动世界作为内心的图象、作为需要、作为动力和目的勾画出来，成为促进现代职业文化设计和改善职业实践活动的动力，力图在职业环境、职业制度、职业观念的不断变革中，使自己的职业生活领域和社会关系更符合人的发展要求。其二，人的全面发展水平的不断提高也促进职业文化的发展。马克思说："全面发展的个人，他们的社会关系作为他们自己的共同关系，也是服从于他们自己的共同的控制的。"①职业文化作为一种规则、一种规范体系，它是人的对象化的产物和结果，其选择、设计、变革、实践都是由从事一定职业的具体的人完成的，是人的职业实践活动对象化的产物，是职业人的发展水平和发展要求的反映和体现。在职业文化建设中人本身既是剧作者又是剧中人，在这一对象化的过程中，人的本质力量得到表现和确证。在职业文化变革和建设中，人按照自己的意愿改造客观对象。如果说，职业文化制度层面的安排、建构更多地体现了职场精英的智慧和价值追求的话，那么，对职业理想的激发、对不良职业道德的批判、对职业技能的提高、对职业待遇的改善则更多地体现了从业人员改变现实职场关系的要求、诉求表达的意愿，体现了他们对新的职场生活渴望和对职业幸福的不懈追求。

---

① 马克思、恩格斯：《马克思恩格斯文集》（第8卷），人民出版社2009年版，第56页。

这也正体现了"人民群众是历史的创造者"这一马克思主义唯物史观的基本观点。

  2.人的全面发展的限度制约职业文化改革和发展的程度

  在这个意义上,人的发展程度是制约职业文化发展的一个约束性条件。如果人的需要、人的本质力量、人的能力、人的个性发展要求很低,对旧文化的批判就非常乏力,对职业新文化的设计、安排就趋于保守和僵化,个人敬业意识淡薄、制度意识不强,日常职业行为和社会交往就会停留在个人习惯、社会惯例的层面,缺乏文化自觉意识和制度思维方式就会限制传统职业文化的现代转化,使新的职业价值观念、职业行为模式、职业制度的创立受到很大限制。主要表现在两方面:一是人的发展状况,特别是决策者的观念、能力和价值取向是现代职业文化设计、职业制度模式建构的制约因素,因为任何一种文化建设和改革都是人为的主观选择、构建的结果,任何文化创新都必须通过人来执行。职业组织、行业组织的领袖人物作为职业文化变革、创新的倡议者、推动者、执行者,他们自身素质和能力的高低,他们对职业发展规律的认识把握能力、他们对职业文化的变革意愿与执行能力会影响职业文化建设的价值取向、发展路径及建设成效。二是职业文化实践是由从事不同职业的具体职业人来完成的,他们的利益价值追求、职业理想、行为习惯、思维方式和制度意识,决定了职业文化在现实职业实践中的运作状况。什么样的文化造就什么样的人,反过来可以说,在一定条件下,什么样的人决定了能选择和实施什么样的职业文化形式和职业文化发展方式。推进现代职业文化建设,首先需要人们以更新思想观念为先导,解放思想、更新观念是推动职业文化建设和创新的首要条件。人的发展程度越高,思想观念的变革越彻底,推进职业文化就会进行的越顺利。只有首先在思想认识上解放了,才能以新的眼光、新的视角去审视原有的职业观念、职业制度、职业行为,并把对职业价值观、职业制度的创新作为自己的一种自觉行为。同时,职业文化对职业人员具有规约作用,创新后的职业文化必然规范着人们的行为,制约着人们的职业活动。作为一个具有利己动机的人,对不同的职业文化会有或接受或抵制的不同感受,新的职业价值观念、新的职业制度规范、新的工作要求能否被人们接受和遵守,很大程度上取决于受职业文化规范、约束的从业人员的发展状况。如果被规范和约束的人有较高的素质,能够认识到新的职业文化价值理念的先进性、合理性,能很好地理解新的职业观念、制度规范、行为要求的内容和意义,就会容易接受而不是盲目地排斥新的职业文化,从而更加自觉自愿地遵守。反之,如果他们还没有从心理、思想、态度和行为方式等方面做好适应新的职业文化的转变,新的职业文化就会受到人们的排斥,遭到大多数人抵制,在这种情况下的职业文化变革、创新也就无法摆脱失败的结局。

三、现代职业文化促进人的全面发展

人发展什么、怎样发展,根本上是由生产力决定的。也就是说,谁能得到发展、其发展程度如何是由对生产力的占有状况决定的,直接的是由社会关系决定的。但是,人的全面发展如果只依赖于生产力的发展而忽视了文化对其的支持,人的发展就成为一个自发的过程。"人的发展以文化的方式来进行,最初的、从动物界分离出来的人,在一切本质方面和动物本身一样不自由的,但是文化上的每一进步,都是迈向自由的一步。"①

(一)职业文化有助于人实现需要的全面满足

"人们是在争取满足自己的需要当中创造他们的历史的。"②人

---

① 《马克思恩格斯选集》(第 3 卷),人民出版社 1995 年版,第 456 页。
② 《普列汉诺夫哲学著作选集》(第 2 卷),上海三联书店 1962 年版,第 27 页。

的需要是人类社会发展的第一个前提,也是人类全部实践活动的一般目的和内在动机。人为了满足自己的生存、发展需要,就必须参与一定的社会职业分工体系,从事专门进行物质生产和精神生产的一定职业活动,这是人类社会存在和发展的必要方式。也正是在职业实践活动中形成了一定的职业文化,职业文化反过来在满足人的需要的同时又进一步激发人新的需要。

首先,现代职业文化有助于人们物质需要的满足。在人的各种需要中,最根本的是人的物质文化需要。物质需要作为人满足自己吃、喝、穿、住等的最基本需要,是人生存与发展的基本前提,离开了基本的物质需要,人将无法生存。"像野蛮人为了满足自己的需要,为了维持和再生产自己的生命,必须与自然进行斗争一样,文明人也必须这样做;而且在一切社会形态中,在一切可能的生产方式中,他都必须这样做。"①人们要满足自己的需要,不论是物质上的需要还是精神上的需要,就不能不从事各种职业活动,通过职业活动人以社会性的方式改造自然、生产财富、满足自身存在发展需要。"任何一个民族,如果停止劳动,不用说一年,就是几个星期,也要灭亡。"②从经济学角度来说,职业意味着工作,意味着谋生手段,意味着创造社会财富的途径,社会的延续和进步必须依靠人类的职业活动来提供物质条件和文化生活需要。现代职业文化有助于人们物质需要的满足:一是通过职业教育与培训,使从业人员具备扎实的职业知识、精湛的职业技能和良好的职业素养,可以拓展职业活动领域,为个人和社会创造更多的物质财富;二是通过职业文化的引导,可以使从业人员树立正确的人生观与职业价值观,确立从业目标和追求,增强对职业的认同,激发对积极的职业情感的培育和调动,增强职业实践中的主体性和主动性,形成积极进取的职业态度,从而使从业人员更加积极主动地按照职业道德规范的要求从事职

166

---

① 马克思、恩格斯:《马克思恩格斯全集》(第25卷),人民出版社1975年版,第926页。
② 弗洛姆:《占有还是生存》,三联书店1989年版,第7页。

业实践活动,在工作上爱岗敬业,与其他职业者精诚合作,提高工作效率和工作质量,在工作岗位上创造出更多的物质财富和精神财富,也使从业人员的生活水平和生活质量得到改善,物质需求得到更好满足。

其次,现代职业文化有助于维持职业秩序需要。一般而言,人们总是希望在一个有秩序、有组织、有保障的职业环境中工作,以求得安全和保护。在现实的职业活动交往中,正如哈耶克所说,"我们不可能在人类事物上获得确定性。由于这个原因,要想最佳的利用我们所拥有的知识,我们必须依靠规则。"①没有这样的规则,人们的职业行为就增大了主观的随意性、恶意性和偶然性,使得个人和职业组织更容易从主观好恶或个人利益出发选择职业行为,这种主观任意往往会导致职场生活的冲突甚至整个社会的混乱和无序。现代职业文化从价值上、制度上保障着职业领域社会生活的和谐发展方向,通过职业标准、职业道德、职业制度等以应然的方式对处于一定社会关系的从业人员最基本的职业行为范式做出明确的界定,规定了人的职业活动的自由选择机会和选择空间,制约、影响、强化职业群体和个体的职业价值取向、职业态度、职业行为,在很大程度上制约和规范着现实职业生活秩序,促使从业者的意向和欲望遵循职业的价值追求和理想信念,使得复杂的职业活动交往变得更易理解,为职业交往提供一种确定的结构和预期,防止职业活动出现混乱和任意行为,使得职业世界更加有秩序。职业文化通过倡导爱岗敬业、忠诚守信、办事公道、服务群众、奉献社会的职业道德和职业行为,对人与人、人与社会、人与自然之间矛盾进行疏导和协调,对违背职业道德、破坏职业秩序的行为进行谴责和惩处。各种职业法律规范对于从业者来说更是一种具有约束力的东西,表现出对职业活动良性秩序的维护,是保证职业行为健康、有序、合理运行的关

---

① 〔德〕柯武则等著:《制度经济学》,韩朝华译,商务印书馆2000年版,第110页。

键。如果缺少职业文化的引领和职业制度约束,影响人的职业行动的唯一尺度只有从业人员个人的好恶或利益的追逐,这必然会使整个职业生活世界走向混乱。

再次,现代职业文化有助于丰富人们的精神生活需要。人不仅是一个肉体的存在物,还是一个精神的存在物,人的需要具有广泛性和无限性,不断丰富的精神追求是人区别于动物的重要标志。然而,当今社会,尽管生产技术的快速变革和物质生活的富裕已经成为普遍的事实。但人们并没有因此而获得真正的幸福,而是相反,有相当多的人依然觉得自己的财富增加了但似乎离幸福更加遥远了。为什么会觉得幸福依然遥远?问题就出在物质需要和精神需要的失衡上,在不断追求物质生活满足的过程中人们失去了精神灵魂。当下,许多人把薪水报酬、物质待遇作为衡量职业地位贵贱高低和自己工作是否满意的重要指标,把物质的满足作为人生的价值追求和根本目的,并衍生为享乐主义、消费主义,放弃了职业生涯中的精神追求以及精神对物质幸福的引领,为金钱和物欲所奴役,变成了"商品饥饿者"。

涂尔干说:"随着职业的功能逐步专业化,每个人的活动领域也会更加局限于其相应职能的界限,所以,我们决不能忽视以职业为代表的大部分生活。"[1]随着社会的不断进步和人们物质生活水平的改善,人们在解决了基本的物质生活需求之后对精神文化的需求越来越强烈,文化消费水平也越来越高。人们在职业岗位上不是简单地从事劳动,谋生不再是员工参加工作的唯一动机,员工开始注重职业实践活动中个性和创造性的发挥,注重组织的归属感和精神皈依,注重人生理想和个人价值的实现等方面的因素,希望在工作过程中获得更多的精神享受和满足。随着工业化、信息化、城镇化、市场化、国际化的深入发展,利益格局的深刻调整,人们思想活动的

---

① 〔法〕爱弥尔·涂尔干:《职业伦理与公民道德》,渠东、付德根译,上海人民出版社2001年版,第29页。

独立性、选择性、差异性明显增强，文化需求呈现出高品质、多样化、个性化的特点。然而当前，在一些职业领域忽视甚至漠视职业人员精神文化需求的问题还相当突出。员工文化生活贫乏、文化需求不能得到基本满足、普遍处于文化生活饥渴状态仍然是一个不争的事实。职业文化作为一种文化形态，可以以一定的艺术形象为载体，真实地反映丰富的职业生活，通过开展技术比武、岗位练兵、劳动竞赛、文娱活动等员工喜闻乐见的职业文化活动和职业培训，建设覆盖全体员工的文化服务体系，形成团结和谐、健康向上、充满活力的先进职业文化生态，丰富员工生活，启迪员工智慧，陶冶员工情操，愉悦员工身心，激发工作热情，在满足员工日益增长的精神文化需求中促进职业人员的全面发展。

同时，职业文化引导着人们的精神走向，满足人们的意义需要。人是有意识的社会存在物，人不仅过着现实物质生活，而且具有超越现实物质生活的精神追求。赫舍尔在《人是谁》中指出，"人的存在从来就不是纯粹的存在：他总是牵涉到意义。……人甚至在尚未认识到意义之前就同意义相牵连，他可能创造意义，也可能破坏意义；但他不能脱离意义而生存。人的存在要么获得意义，要么叛离意义。对意义的关注，即全部创造性活动的目的，不是自我输入的，它是人的存在的必然性"。① 职业活动不仅是职业人的一种"谋生手段"，也是他们实现人生意义的一种"生活方式"。人从业的每一天，不仅是他的履行岗位职责的每一天，更是他生命的每一天、创造意义的每一天。马克思曾指出，在消灭私有制和旧式分工后，人们的职业劳动将彻底摆脱作为生存手段的存在而成为人的第一需要，"劳动会成为吸引人的劳动，成为个人的自我实现。"② 职业生涯质量的提高需要职业理想的追逐、生活志趣的提升和职业生活模式的改变，这些方面的实现都离不开职业文化的支持。一种职业，如果

---

① ［美］赫舍尔著：《人是谁》，隗仁莲译，贵州人民出版社1994年版，第46—47页。

② 《马克思恩格斯全集》（第46卷）（下），人民出版社1979年版，第113页。

从业者能够充分地感受它、全面了解这种职业的经济价值、社会价值、文化价值,就会增进对该职业的归属感和认同感,自己也就会全身心地投入工作之中,并在工作过程中真实地表达自己的愿望,获得自己的职业体验。通过把职业文化植入职业人的灵魂深处,使之指引职业人重建职业生活的外在秩序和内在价值,使从业人员进一步增进从技术上、经济上、社会上、文化上对职业的认识,加深对职业价值的理解和体验,增强职业的认同感和敬畏感,使自己对职业的认识超越仅仅是"谋生的手段"的狭隘理解,从内心里感受到职业的内在神圣感和职业尊严,提升自己对所从事职业的精神皈依和对职业生涯的情感依恋,在规范职业行为的基础上使从业人员重塑职业信仰,提升职业境界,引导人们追寻现代职业生活的意义。只有真正认识到自己所从事职业的高尚性、价值性、创造性,才会真正热爱自己所从事的职业,才会真正体会其中的幸福,构建完满幸福的职业生活,获得更多的内心需要和精神满足,使职业岗位成为人们诗意的栖息地,使人感受到自身的生命意义和价值,从而促进人的本质的发展和升华。

(二)职业文化有助于人实现劳动的全面发展

人是一种社会性存在,而劳动是最基本最核心的社会存在方式。从文化的角度看,劳动是人类的基本文化活动。人的全面发展不是抽象的,而是寓于劳动过程中。因此,职业生涯和个体发展必须以参加社会劳动为基础,在这个劳动过程中,既满足自身生存发展的需要,又不断加深对自身社会性的反思和认知,不断调整改造优化本身的社会性。正是在这个意义上,恩格斯说,"劳动创造了人本身"。

首先,高度的职业文化自觉有助于消除"异化"劳动。马克思曾说:"只要分工不是出于自愿,而是自然形成的,那么人本身的活动对人来说就是一种异化的、与他对立的力量,这种力量压迫着人,而不是人驾驭着这种力量。"①他认为这种异化的社会力量应该是加以批判并切实的做出改变的。职业活动不仅是职业人从事工作的过程,职业也承载了人的生活方式。一个人如果不能按照自我的愿望去从事某种可获得生长、发展的职业,就如同饥饿的人没有食物会饿死一样。职业分工一方面促进了社会生产力的大大提高,但另一方面,如果职业分工使人不能成为自己的主人,不能按照自身的意愿去劳动,反而使人成为一种附属产品,这种情况下的社会分工造成了人的片面、异化发展。英才网联和腾讯教育 2012 年的一项职场心态调查的数据显示:"有 51% 的人员不安现状欲跳槽,超三成现职业倦怠。"这意味着有相当数量的职业人在职业生活领域同样面临多种紧张,其职业生涯尚未达到能随心所欲的理想阶段,存在专业不对口、从事职业跟自己兴趣不合、生存压力大、对职场现状不满等种种职场倦怠情绪,职业生活中面临着个人价值实现与职业生产劳动的冲突。在这样情境下的职业劳动是与职业人员的内心相背离的,劳动者之所以劳动,是因为出于谋生的需要不得不就业,甚至是在违背自己意愿和兴趣的情况下被迫去从事某项职业,在这样的心态下,职业劳动的成就感和身心愉悦感消失殆尽,甚至有些学者认为这也是一种"异化"的现象。通过职业文化引导,使人们对职业有了更清晰的认识和了解,对自己的职业兴趣、职业取向、职业要求有了更清晰的自我认知,可以使自己更加自主地选择职业、更加自主地投入工作。职业人员只有充分发挥自主性,才能行使职业赋予的神圣使命,才能担当起这个职业所赋予的社会角色。在这样前提下的劳动不同于在他人或自我强制下进行的有违个体意愿的屈从性劳动,而是从业人员体现意志、实践愿望、实现人格的自主性劳动,"你不再是别人的雇佣军,你是你自己的",实现了劳动的自由自觉。正如马克思所说:"如果我们生活的条件容许我们选择任何一

---

① 《马克思恩格斯选集》(第 1 卷),人民出版社 1995 年版,第 85 页。

种职业,那么我们可以选择一种使我们最有尊严的职业,选择一种建立在我们深信其正确的思想上的职业,选择一种能给我们提供广阔场所来为人类进行活动、接近共同目标即完美境地的职业,在从事这种职业时我们不是作为奴隶般的工具,而是在自己领域内独立地进行创造。"①这种劳动不再是仅仅为了获取物质的拥有、职位的提升等外在奖励,而是升华为职场人个体尊重并追逐自己的兴趣和内心的真正召唤,这时,人们就会把职业活动视为自我发展、自我完善、自我实现的必要手段和迫切需要,平凡的职业劳动就被赋予了非凡的意义,人们就会自觉激发出对于重复职业生活的创造激情,并在本职工作中充分展现自己的才能,创造出辉煌的业绩,能在自己的职业生活中体验到内在的乐趣和强烈的意义感,甚至愿意为自己所从事的职业而牺牲一切,使职业劳动成为个人自我价值实现的平台。

其次,现代职业文化通过完善和落实职业制度和标准,有利于实现劳动者的体面劳动。1999 年 6 月,国际劳工局长索马维亚在第 87 届国际劳工大会上首次提出了"体面劳动"的概念。他在报告中指出,体面劳动旨在促进男女在自由、公正、安全和具有人格尊严的条件下获得体面的、生产性的工作机会。在资本主义私有制条件下的异化劳动是一种"不幸和痛苦的事情",劳动仅仅是工人谋取肉体生存的手段,工人"像逃避瘟疫一样逃避劳动"。只有让劳动者在劳动过程中充分感受到本质活动的快乐、体面、幸福和尊严,才能让人们热爱劳动、尊重劳动,充分激发人的劳动积极性和创造性。体面劳动既是人类文明进化的基本要求,也是维系社会性劳动的根本保证。在社会主义初级阶段,劳动主要还是人们的一种谋生手段,特别是在当下的中国,劳动关系显现出"强资本、弱劳动"的失衡格局状况下,构建规范有序、公正合理的职业文化对于让劳动者更体面、

---

① 马克思、恩格斯:《马克思恩格斯全集》(第 40 卷),人民出版社 1982 年版,第 122 页。

更有尊严的劳动和更幸福生活,有着巨大的价值引领和实践推动作用。一是通过加强职业物质文化建设,完善我国现行的劳动标准,改善从业人员的工作环境,使从业人员远离有毒、有害的工作环境,使职业者在职业劳动过程中更加有安全保障,提高职业人的工作效率和生活质量。二是消除职业隔阂,提升职业地位,增进不同职业之间的理解。在中国传统文化中往往把体力劳动看作是卑贱的、不体面的事情,把出仕入相看作是光宗耀祖的事情,与体力劳动挂钩的职业不为社会主流思想所承认和崇尚,有些人即使找不到工作也不愿意从事体力生产劳动。在许多人的眼里,或以社会地位或以职业声望或以工作待遇等为标准来评判职业的好坏优劣。通过职业文化建设,进一步明确整个职业发展的价值导向问题,明确这个职业在现代社会生活中的分工定位、所承担的社会责任和使命追求,这个职业应该做什么?怎么做?让人们认识到职业劳动并没有什么高低贵贱之分,只是社会分工不同,摒弃将职业分成三六九等的陈腐观念,增进人们对不同职业的理解与尊重,避免争端和误解。不以利润、经济收入等外在的物质效果作为"好的职业"的标准或职业成功的尺度,进一步在全社会树立尊重劳动、"劳动光荣"、"职业无贵贱"的良好风尚,让尊重劳动、尊重劳动者成为社会文化价值观的主流,让从业人员体味到不管从事任何职业都是为人民服务、为社会服务,让从业人员体验到只要热爱职业、干好本职就能受人尊重的快乐和幸福,提升职业的社会价值,增强人们的职业尊严感。三是通过加强职业制度建设,在公正合理条件下充分展示劳动者价值。制度真实地影响、制约、塑造着人们的活动,为人的活动提供了规则、标准和模式,将人的活动导入可合理预期的轨道。"制度对于生活在其中的人来说,是一种既定的力量,它构成人的发展的现实空间,形成人的现实生活世界。人的发展不仅仅是自然界发展的产物,而且还是制度文明的产物。缺乏制度公正的保障,社会发展的秩序就会受到破坏,人就很难得到发展。"①从宏观层面来说,通过制定相关职业法律和行政法规,充分保障各种职业的权利,明确各种职业的社会义务,建立并逐步完善包括职业资格认证制度、录用制度、考核制度、奖惩制度、培训制度、交流制度、回避制度、辞职辞退制度、退休退职制度等各项职业制度,使各种职业普遍得到尊重,从业人员的合法权益得到确实保障。从微观层面来说,通过职业组织建立的内部管理规定,尊重共同体内个体应有的地位、权利,在考核、晋升、培训等方面公平公正,支持员工职业生涯的发展,鼓励员工参与管理和决策,为人的各种才能的发展和施展以及人的价值的实现和自由个性成长,提供培训机会和成长空间,促进劳动者身心发展,使有潜力的职业人员得到晋升或提拔的机会,使人的发展更加丰富多彩更加全面。

(三)职业文化有助于人实现社会关系的全面拓展

从社会学的角度来看,我们所从事的任何一种职业都是与各种各样的社会关系紧密相连的,而不是孤立存在的。所谓社会关系就是人们在社会活动和相互交往过程中形成的关系,它是人类特有的本质联系。人是在一定的社会关系中生存和发展的,社会关系决定着一个人能够发展到什么程度。人的社会关系的全面丰富和发展意味着人与自然、人与社会以及人与自身的各种关系的全面生成。现代社会通过职业平台这一个个网结将各种身份的人连接在一起,由职业活动展开的交往关系构成现代社会最主要的人际关系。职业人通过职业岗位与他人、与社会、与自然世界建立起一种相互认识、相互影响的关系。正如弗里德里希·包尔生所说:"职业决定着我们和外部世界的基本关系:它使我们在工作和休息期间与同事们进行交往;这种交往又决定着我们在消遣中运用我们的各种官能的

---

① 宋增伟:《制度公正与人的全面发展》,《科学社会主义》,2007(1)。

方式。因此职业是生活的指导原则,它给生活带来稳定和目的。"①职业活动是一种谋求利益的活动,涉及职业内部人与人之间、职业活动主体与职业服务对象、职业与社会、职业与自然之间多种关系,并且这些关系会随着科学技术的进步、社会经济的发展而更加复杂化、多样化。当代科学技术的发展,在促进了人的能力的极大提高的同时也使人的发展面临着新的片面性。这种片面性表现为人的身心不和谐以及人与社会、环境的冲突和对抗等。职业作为拥有特殊权力的社会分工,在职业行为中会产生特定的利益关系,有时甚至会产生激烈的冲突。社会主义市场经济在促进人的社会关系全面发展的同时,也使得市场经济等价交换的原则很容易渗透到职业生活的各个方面,以至于出现权钱交易、唯利是图、假冒伪劣、坑蒙拐骗等社会丑恶现象,造成了人的社会关系的扭曲和异化趋势。职业文化作为一种社会规范和精神纽带,它既是一个职业群体、一个组织体系所共有的观念系统,给人们从事职业活动提供了一些基本的处事原则,同时,它又进一步激发了职业人的主体人格,使职业人的自我意识得到觉醒,社会实践能力和交往能力得到提升,为新的社会关系的生成与发展创造了自觉的主体条件。

首先,职业文化有助于职业人建立良好的人际交往关系。与自然经济形态下缺乏专业分工不同,现代社会分工的专业化与职业的多样化即使每一个劳动者个体成为独立的个体,又使他们由于彼此需要而互相联系起来。一方面,专业化的社会分工提高了社会成员间生存的相互依赖程度。这种依赖性在生活上表现为细化的分工使得原先近乎自给自足、从事多方面活动的个体变成只从事某专业领域的人,其生活状况及质量与他人的职业劳动存在直接或间接关联,"一个人的需要可以用另一个人的产品来满足,反过来也一样;一个人能生产出另一个人所需要的对象,每一个人在另一个人面前

---

① [德]弗里德里希·包尔生:《伦理学体系》,何怀宏、廖申白译,中国社会科学出版社1988年版,第454页。

作为这另一个人所需要的客体的所有者而出现,这一切表明:每一个人作为人超出了他自己的特殊需要等等,他们是作为人彼此发生关系的。"①任何人离开他人的职业活动根本无法生存。这种依赖性体现在职业中则是任何一种职业都不是孤立的,职业分工并不能把从事职业活动的人们分隔成为彼此不相联系的孤立个体。职业者个体之间是共生的,社会的职业分工越发达,就越是把人们紧密地联系在一起。彼此形成职业协作关系是职业人工作得以开展的第一前提。"一个人的发展、事业的成功,良好的人际关系是一个很重要的条件,如处理不好人际关系,足以毁掉你的一切。"②但另一方面,我国正处于社会变革和体制转轨时期,社会利益多元化和社会阶层分化日益明显,社会矛盾特别是因为物质利益调整引发的社会矛盾更加复杂。对利益、地位和声望的渴求、对失业的恐惧和市场经济的竞争规则使得当代职业人无时无刻不处在紧张的竞争氛围下,职业活动中人际关系越来越多地表现为冷漠、猜忌和隔阂。职业文化作为职业人群体的共同价值信念和行为规范,处于同一职业中的成员,都会不同程度受到该职业文化的教化、浸染和熏陶而拥有共同的职业文化心理特征。正是由于具有共同的思维方式、行为模式、道德规范等职业文化心理特征,使组织成员对本职业拥有一种天然的认同感和亲切感,成为沟通和联系组织成员心灵的"粘合剂"。通过职业文化的规约、浸润、熏陶,培育职业人员与人为善、乐于助人的道德情感和见利思义、服务社会的处世准则,引导人们用和谐的态度对待问题,用和谐的方式处理矛盾。可以使同一职业群体的人们互相尊重、相互信任、互相关爱、互相协作,在与同事的交往中感受集体的温暖,从而构建起融洽、亲密、和谐的职场人际关系,使人工作心情舒畅,并催生积极向上的力量。

其次,职业文化有助于职业人建立与社会的良好交往关系。作

---

① 《马克思恩格斯文集》(第30卷),人民出版社1995年版,第197页。
② 杨广敏:《如何促进人际关系》,《大连大学学报》,1996(1)。

为社会存在物的人,人的成长、发展和完善不能脱离其生活的社会环境。不仅个人的职业动机的萌发与职业价值目标的确定来源于其生活的社会现实背景,而且其职业理想能否实现也要取决于现实的社会条件。在职业结构不断变迁和调整的当今社会,越来越多的职业人因不能妥善协调人与社会的关系阻碍了自己的职业生涯发展甚至导致人生发展迷茫。职业文化可以帮助人们更加科学清醒地认识职业发展规律和自己的职业兴趣、职业能力,引导人们树立科学的职业价值观,不断加深对社会各层次的认识和理解,能够对现实社会做出一个全面客观的评价,对社会的真善美、假恶丑有一个正确的认识。明确人们在社会生活中的地位,确立从业人员在职业行为中的权利与义务,约束与规范从业人员的行为,使其从事合法合理的职业实践活动,并使自己拥有更多的机会和条件实现对职业理想的追求。职业文化也可以引导职业组织更好地处理组织行为与社会其他行为的关系。任何职业组织要得到社会的支持和拥护,得到持续的发展壮大,就必须以人民的需要满足和利益追求为出发点和落脚点,任何为了本组织利益而损害他人、损害社会的职业行为都是短视的狭隘的利己主义,通过职业文化的引导、约束,可以更好地塑造职业组织的核心价值观、规范组织的职业行为。

再次,职业文化有助于职业人建立人与自然的和谐关系。人与自然的关系应该是双向互动和谐共存的,这样自然才能成为人类世世代代永续依存、永续利用的自然。实现人与自然关系的伙伴式发展,是人与自然关系发展的一种理想状态。当前人类对自然的把握和改造程度已经达到前所未有的程度,在处理人与自然的关系上,技术理性造成人与自然关系的割裂、人类中心主义膨胀、人类价值坐标偏离,人们对象化地对待自然界,以残暴的掠夺和破坏自然资源,纯功利主义的掠夺式开发,使自然环境遭到严重破坏,严重影响了人与自然的协调和人类自身的生存和发展。恩格斯早在一个多世纪以前就严肃地告诫过我们:"不要过分陶醉于我们人类对自然界的胜利。对于每一次这样的胜利,自然界都对我们进行报复。"①党的"十八大"报告提出了建设"美丽中国"的构想,强调了"必须树立尊重自然、顺应自然、保护自然的生态文明理念";"把生态文明建设放在突出地位,融入经济建设、政治建设、文化建设、社会建设各方面和全过程","着力推进绿色发展、循环发展、低碳发展,形成节约资源和保护环境的空间格局、产业结构、生产方式、生活方式"等战略性安排和具体工作举措。职业文化可以帮助我们学会对自然的认识,真正地尊重自然、理解自然、重视自然,通过对现代职业伦理的理解,使人们确立生态意识,由"人类中心主义"的价值观转向"生态中心主义"的价值观,在与外部世界的交往中,不断提升职业人的社会责任感和使命感,更好地加深对生态、环保认识,在自己的职业行动中更好地处理与自然的关系,构建新型的人与自然的关系。

(四)职业文化有助于人实现能力的全面提高

马克思把人的能力的全面发展看作是人的全面发展的核心以及发展程度的标志,"任何人的职责、使命、任务就是全面地发展自己的一切能力"②,"每个人都无可争辩地有权全面发展自己的才能"③。杜威指出,"一种职业只不过是人生活动所遵循的方向。"杜威所说的方向不仅是精神活动的方向,更主要的是能力发展的方向。现代职业文化的发展大大提高了人的主体性,使人的能力得到更充分地发展。

第一,职业文化促进人的职业认知能力提升。所谓认知能力,就是指人们分析、了解和把握事物的能力,即人们对事物的构成、性能与他物的关系、发展的动力、发展方向以及基本规律的把握能力,

---

① 《马克思恩格斯选集》(第4卷),人民出版社1995年版,第383页。
② 《马克思恩格斯全集》(第3卷),人民出版社1960年版,第330页。
③ 《马克思恩格斯全集》(第2卷),人民出版社1979年版,第61页。

是个体在原有知识的基础上,再通过认知实践而获取新知识的能力。人们在职业实践中,借助职业文化,进一步认识职业、认识自然、认识社会,并不断改进自己的思维方式,提高自己的认识能力,从而使人们对外部世界和人类自身的认识不断扩大和深入。一是提升了对职业发展规律的认识能力。职业发展规律可以使从业者认清自己所从事职业的性质、任务及职业发展方向,也可以明确自己的职业追求目标和工作方式方法。只有提高认识、运用职业发展规律的能力,才能更好地熟悉和把握职业发展规律,更从容地适应职业环境,把握职业发展趋势,应对职业发展变化。当个体初入职业时,他对于职业的认识往往是肤浅的不深入的,借助职业文化,我们可以更加深入全面的认识和理解一个职业,并不断改进自己的职业思维方式,提高自己对职业发展规律的认识能力,从而使人们对职业世界和人类自身的认识不断扩大和深入,为改造客观世界做出理性准备,避免工作中的盲目性。二是提升了对自我职业发展的认识能力。对职业者自我职业发展的认知,即对职业活动主体自身的一种认知。在现实社会中,职业在不断的重组,新的职业在不断涌现,一些旧的职业也在不断被淘汰。现代社会一个人终生从事固定的某一职业的可能性越来越小,每个人都可能更换职业,面临职业生涯的从头开始。面对不断变换的越来越多元的职业选择,有些人的思想往往被媒体和大众文化所裹挟,被物质、金钱所控制,对自己是一个什么样的人和想成为一个怎样的职业人思考不深,定力不够。有些人在急剧发展的时代中不能全面认识自己,不能准确把握自己,缺乏自我认知能力,存在职业期望值过高,职业定位不够准确,职业发展方向模糊、职业竞争意识不强等问题。甚至有些大学生不知道如何找工作,找什么样的工作才适合自己,带来了个人职业生涯过程中的诸多困惑和难题。德国哲学家恩斯特·卡西尔《人论》开篇首句就是:"认识自我乃是哲学探究的最高目标——这看来是众所公认的。"①职业文化有助于人们站在个人与社会的角度上，对职业定位、角色认知、岗位职责、权利义务等有一个全面的理解，更好地了解自己的职业兴趣和志向、个人所长，正确把握个人的利益得失、判断个人的价值追求，帮助人们在成千上万的职业岗位中找到适合自己的职业。黑格尔曾说："一个志在有大成就的人，他必须如歌德所说，知道限制自己。反之，那些什么事都想做的人，其实什么事都不能做，而终归于失败。世界上有趣味的东西异常之多……但一个人在特定的环境内，如欲有所成就，他必须专注于一事，而不可分散他的精力于多方面。"②通过职业理想、职业道德的教育与引领，也能帮助人们超越人生的有限性，激发人们的职业信心与激情，激励个体克服职业生涯中可能会遇到的困难与挫折的信心，使个人的职业生涯超越有限的人生更具无限的意义。"如果我们选择了最能为人类福利而劳动的职业，那么，重担就不能把我们压倒，因为这是为大家而献身；那时我们所感到的就不是可怜的、有限的、自私的乐趣，我们的幸福将属于千百万人，我们的事业将默默地、但是永恒发挥作用地存在下去。"③三是增强了职业道德认知评判能力。职业道德评判是人们在社会生活中依据一定的道德标准，对自己或他人的职业认识和职业行为做出是非善恶的道德判断。现代社会，职业活动已经成为人生当中最富有创造力的主要活动表现，也成为个人最重要的社会实践活动，个人正是通过职业活动来不断地改变自身、发展自身，就某种意义上而言，人的成长、发展被主要置于一定的职业环境之中。然而，由于多种原因，曾经支配与约束人们的传统道德弱化了，人们的激情和欲望一定程度上处于一种放纵的态势，职业生涯也充满了诱惑与陷阱，增大了人发展的难度。许多不道德职业行为的发生，是因为职业行为主体基础道德水

---

① ［德］恩斯特·卡西尔：《人论》，甘阳译，上海译文出版社 1985 年版，第 3 页。
② 黑格尔：《小逻辑》，贺麟译，商务印书馆 1980 年版，第 174 页。
③ 《马克思恩格斯全集》（第 40 卷），人民出版社 1982 年版，第 7 页。

平的缺失,对职业行为的道德判断力较弱,他没有意识到个体的"不道德职业行为",或者是学习他者的"不道德职业行为"。职业对人生的塑造是正面的还是负面的,是促进人的发展还是导致人的异化,关键就在于在职业生涯中有没有先进职业文化的指引。职业文化通过肯定或赞扬的方式以弘扬符合时代精神、符合人性发展的好的职业道德观念、职业制度、职业行为,以批判或否定的方式抵制和纠正不良的职业道德行为,旗帜鲜明地指出了应当提倡和坚持什么,反对和抵制什么,明确什么是善的职业行为,什么是恶的职业行为,从而使人们根据社会所倡导的职业价值观念和自己的思想、工作实际状况,对他人和自己的职业道德观念、职业行为进行鉴别、判断,并正确选择契合自己的职业道德认识和职业行为,避免个人在无限中迷失自己,引导人们追求高层次的职业道德品质,不断提升自己的发展层次、境界和品位。四是提升了人的职业劳动能力。职业劳动能力是由体力、智力、知识和技能等方面构成的。只有从业人员的素质和能力达到履行职业岗位所要求的程度,他们才能各司其职,自觉承担好自己的职业角色和社会角色,做好本职工作。职业文化可以帮助员工树立职业理想,明确职业发展方向,从而增强对职业知识和技能学习的主动性;通过职业群体内成员间的相互交流、讨论,促使职业者相互取长补短,互帮互学,更好更快地掌握、适应职业岗位能力素质要求,促进个体职业能力和职业素质的全面提升。

第二,职业文化深度开发人的潜能。人的潜能就是人的一种潜在的、尚未在劳动中表现出来的能力,包括人的自然力和人的社会能力。科学研究表明,人具有无限的创造潜能,心理学家奥托认为,一个正常健康的人只运用了其能力的 4%,如果我们不去唤醒我们的潜在能力,这些能力就会转化成自我毁灭的渠道。职业文化为人的潜能的开发提供了文化制度环境。职业文化增强了人们从事职业实践活动的自觉自为性。职业对人的意义不仅是简单地满足生存需要,而是在此基础上扬弃自己的受动性,使劳动成为人的需要。一种优秀的职业文化对员工的生存和发展的手段、目标具有导向作用,能充分调动从业人员的积极性和能动性,解决工作中的价值困惑问题。对不符合职业健康发展的价值取向、道德准则和行为方式具有自我调节和免疫功能,使人们以更加专注敬业的态度投入到创造性的工作实践活动中去,使进入这个能量场的人会不由自主地激发出潜能,唤醒人类自身"沉睡"的力量,使人的一切天赋和潜能得到充分舒展。

(五)职业文化有助于人实现个性的全面解放

人的个性也称"自由个性",主要表现为人的自主性和独特性。马克思认为人的发展在一定意义上就是"有个性的个人"逐步代替"偶然的个人"。人的发展的最高成果是自由个性的形成,它是个人的一种'自立'及自我确证。①

首先,职业文化以"应然"的方式超越"实然"状态,用"应然"的价值视野审视、评判现实职业实践,探求职业实践活动的"应然"状态,专注追寻职业人的终极价值目标,追问人的意义与本质。为职业人的发展提供了价值尺度,提升了个体的自由意识与能力,实现自由的能力、限度与外在的条件局限相协调,让从业人员更清楚地认知职业使命,引导职业人员在正确认识当下职业生活的实然状态的前提下,增强职业使命的神圣感和完成职业使命的幸福感,激励他们积极实现由实然性存在向应然性存在转化。

其次,现代职业文化的价值取向就是要尊重人的主体性和创造性,确立独立的职业人格,使职业主体能凭借对职业发展规律的认识和主体能动性的发挥,遇事独立思考、自主行事,不人云亦云、随波逐流;自主决定自己的发展和价值实现方式,人们可以根据自己

---

① 万光侠:《现实的个人与马克思人学观》,《山东社会科学》,2009(6)。

的职业理想、职业兴趣和社会发展的要求安排自己的职业行为、确定自己的职业发展方向。在不断的职业选择和变化中,人们也加深对自己的认识和了解,从而能在职业生涯活动中为自己设定更为现实合理的职业发展目标,让每一个从业人员都能够在职业活动中自由充分地展现自己的智力体力和特长优势,使职业人的个性得到充分张扬和有效发挥。

再次,职业文化通过激发职业人员的工作积极性,提高职业技能及改善工作条件,大大提高了工作效率,缩短了从业人员的社会必要劳动时间。在马克思看来,"时间是人的积极存在。时间不仅是人的生命的尺度,而且是人的发展的空间。"自由时间是不"被生产劳动吸收的,而用于娱乐和休息从而为劳动者的自由活动和发展开辟广阔天地的余暇时间","是为全体社会成员本身发展所需要的时间"。① 职工拥有闲暇时间是满足职工发展个性、提高自我、实现交往的必要条件。节约劳动时间等于增加自由时间,职业者有了足够可以自由支配的闲暇时间,开始有更多的时间和更大的空间,使人能够更好地发展自己并以自由劳动来支配自己的生活。一个人越自由,他的个性发挥越充分,他的创造潜能越能得到实现;一个人越不自由,他的个性发挥越不充分。

---

① 《马克思恩格斯全集》(第 23 卷),人民出版社 1979 年版,第 294 页。

第五章　现代职业文化建设的
当代价值与目标原则

一、现代职业文化建设的当代价值

认识是行动的先导。充分认识职业文化建设在当代中国全面推进小康社会建设、实现中华民族伟大复兴中国梦的历史进程中的地位和意义,是推进当代中国现代职业文化发展的基本前提。现代职业文化是社会主义先进文化的重要组成部分,是职业主体在长期的职业实践中逐步形成的符合客观规律和时代要求的知识体系、价值观念、行为和思维方式、精神状态和制度规范为核心的文化样式。它影响、塑造着人们的职业观念、思维方式和职业行为。作为一种理想信念,它为当代职业人指明为之奋斗的职业理想和职业目标;作为一种精神纽带,它是一个职业群体、一个组织体系所共有的观念系统,对从事同一职业的人们起到了统一思想认识、增进团队协作、维护行业稳定的作用。加强现代职业文化建设,无论是对于推动经济转型升级,维护社会和谐稳定,还是提升职业尊严和增进人们的职业幸福感,促进现代职业人的全面发展,不论是对当前还是对未来都有着重大而深远的意义。

（一）现代职业文化是维护社会和谐发展的重要基石

社会主义和谐社会是一个人与人、人与自然、人与社会和谐相处的社会。职业和谐已成为构建社会主义和谐社会"生态链"上的重要一环。现代社会，任何经济与社会活动，都是在规定的社会环境中由从事各种职业的人参与完成的，职业生活已经成为人们实践活动的主要领域。职业活动既是人生存和发展的基本方式，实现了人们社会角色的扮演，完成了人作为人的价值体现，也是社会存在和发展的依据和动力。职业领域中的交往关系越来越成为经济社会生活中最基本和最重要的社会关系，职业关系不仅牵涉到经济生活领域，而且牵涉到整个社会生活领域，它在一切社会关系中处于基础地位。社会分工的细化，并没有把人们的职业活动分割成互不相干的独立部分，而是使人们之间的社会联系更加密切了，任何一种职业活动都不能脱离其他的职业活动而独立存在，每一种社会职业都以特定的方式与整个社会发生或多或少的联系。当今社会，只有密切协作才能使职业活动持续地发展。

职业文化对整个社会的价值取向、社会风气有着或多或少的影响，特别是行政机关、服务行业、教育行业的从业人员，他们的言行举止会影响和感染其他社会成员，其价值思想、精神风貌对社会文化风气有着潜移默化的影响甚至左右着社会民众的文化心理和价值取向。同时，职业和谐是家庭和谐、组织和谐、社会和谐的前提和基础，直接关系到百姓能否安居乐业、经济社会能否繁荣发展。没有职业关系的和谐、没有职业人自身的和谐就没有社会的和谐。当下社会，一方面，随着社会转型、经济转轨的深入推进，从业人员的思想观念和价值取向多元多样多变趋势愈益明显，诱发职业关系的不和谐因素增多，劳动纠纷多发频发，劳动者群体上访、集体罢工、攻击企业等非理性行为对企业生产和正常的社会秩序产生不良的影响,大大增加了地方政府公共管理成本。另一方面,随着对职业岗位素质要求的提高和就业竞争的加剧,人与人之间的交流沟通缺乏,单位内部同事关系紧张,职业前景难以把握,不少职业人士明显感到"压力山大",职业焦虑情绪上升,许多人很难在职业岗位上体验到"职业幸福"。现代职业文化以其特有的价值观念和规范体系,指导职业群体成员的职业价值取向和职业能力素质发展方向,规范职业人在经济和社会活动中的职业行为,将职业群体的人生观、职业观融入社会的共同理想,使之成为职业群体全体成员普遍理解接受、自觉遵守奉行的价值理念,为职业群体成员之间以及从业人员与服务对象之间架起情感沟通和精神交流的桥梁和纽带,引导和培育人们树立科学的职业意识,有效调节人们在生产、分配、交换、消费等环节的经济关系,明确人们在社会生活中的地位,确立从业人员在劳动行为中的权利与义务,以积极负责的态度履行自己的岗位职责。坚持以和谐的方式化解职业内外部的矛盾,以包容的心态面对他人,消减他们的不满与怨愤。有效协调从业人员之间、从业人员与其他社会成员、从业人员与社会、国家之间的关系,营造出自觉而富有理性、平静柔和而富有人情的人际关系环境和氛围,使从业人员的思想观念、价值取向、思维方式、行为选择和情感表达符合职业发展的方向和员工职业幸福的长远目标,进而有效地促进职业与职业之间、人与人之间的相互尊重和理解,最终促进社会的和谐发展。

(二)现代职业文化是促进经济转型升级的有力支撑

经济与文化的融合已成为世界性的发展趋势。从本体论意义上说,经济并非纯粹的"物质的堆积"或"数字的叠加",经济活动是物质活动,同时也是精神活动、人文活动、道德活动。当前我国正处在加快转变经济发展方式、促进经济转型升级的关键时期,能否顺利实现"转型升级",离不开文化的引领和助推。因为"发展不仅仅是一个经济和政治的概念,更是一个基本的文化和文明的进程。"①日本政府总结其工业化道路及经济高速发展的三条经验分别是:精神、法规和资本。其中,精神占50%,法规占40%,资本只占10%。这就是工业化过程中文化的力量。马克斯·韦伯认为,任何一项伟大事业的背后都存在着一种支撑这一事业,并维系这一事业成败的无形的文化精神,他称之为"社会精神气质"。

我国正面临着市场化、工业化、城市化、信息化的转型,促进经济转型升级,建立现代产业体系对于我们国家、社会、企业和劳动者而言是一场深刻的变革,也是中华民族发展史上的重大跨越。文化是社会变革的先导,促进经济转型升级,与其说是一种经济层面的追求,不如说是一种价值取向和文化层面的转换和提升。因为经济转型升级不只是产品的更新换代与经济技术的更新发展,而是一种表现为以文化底蕴为根基的关于发展的思维方式、价值理念和行为模式的深刻变革。"企图把共同的经济目标和它们的文化环境分开,最终会以失败告终,尽管有最为巧妙的智力技巧。如果脱离了它的文化基础,任何一个经济概念都不能得到彻底的思考。"②作为职业群体的价值与行为规范体系和职业实践活动内在运行机理与图式的现代职业文化,是职业组织核心竞争力的重要组成部分,是决定一个职业组织经济、社会效益的重要内生变量,在推动职业组织改革发展中起着"变量增效"的重要作用,职业文化的转型是制约经济成功转型的文化因素。

一是现代职业文化可以凝聚职业群体共识。就社会经济的具体生产过程来看,人始终是生产的主体,社会各个行业的从业人员作为生产力发展的最活跃因素,其存在样式和精神状况往往直接影响、决定着生产的发展和人的生产能力的发挥。马克思认为:"人本

---

① [加]D.保罗·谢弗:《文化引导未来》,许春山、朱邦俊译,社会科学文献出版社 2008年版,第 240 页。

② [法]弗朗索瓦·佩鲁:《新发展观》,张宁、丰子义译,华夏出版社 1987年版,第 165 页。

身是他自己的物质生产的基础,也是他进行其他各种生产的基础。因此,所有对人这种生产主体发生影响的情况,都会在或大或小的程度上改变人的各种职能和活动,从而也会改变人作为物质财富、商品创造者所执行的各种职能和活动。"①经济转型发展需要人来推动和运作,而人的发展理念是否科学、思想观念是否统一、精神状态是否振奋尤为重要。现代职业文化作为一种"软实力",具有导向、凝聚、激励、约束、塑造等功能。现代职业文化能够影响到劳动者的精神状态,使员工加深对职业价值的理解和体验,明确这个职业在现代社会生活中的分工定位、所承担的社会责任和使命追求,增强职业的认同感、归属感和责任感,提高从业人员的积极性与自觉性,有利于大家在事关职业发展问题上获得共识。通过凝练、倡导形成的职业价值观被员工共同认可后,将会成为一种黏合力,使所有从业人员心往一处想,劲往一处使,从而在职业群体内部形成进取向上、团结协作、改革创新的精神状态和文化场域,提升职业群体的向心力和凝聚力,促成全体职业人形成共同的价值追求,提高员工实现组织发展共同愿景的自觉性,从而提高劳动效率,起到促进经济发展的作用。二是现代职业文化可以优化组织管理,使职业组织各种要素形成合力,进而影响职业组织的使命、愿景。通过营造鼓励创新、敢于竞争、善于合作、宽容失败的职业文化理念,可以使职业人得到集体的关爱,体味到单位的温暖,激发职员的内在潜力和创新活力,提高工作激情,提升组织核心竞争力,从而成为提高经济增长质量的动力源泉。三是现代职业文化可以提升劳动者的素质。马克思主义认为,人是生产力中最基本、最活跃的因素,是社会生产活动的行为主体。经济的转型升级离不开高素质者的现代职业人,没有具有创新思维、创新能力和掌握高新技术的劳动者,转型升级难以推动。尤其是当前许多农民工在职业技能、职业精神准

---

① 《马克思恩格斯全集》(第26卷),人民出版社1972年版,第300页。

备不足的情况下进入企业开始其职业生涯,劳动者的知识、技能、观念、素质与经济转型升级的要求不相适应。通过职业文化建设,可以帮助员工树立职业理想、增长职业技能、确立职业规划、提升职业素质,激发人们劳动的积极性和能动性。

(三)现代职业文化是引领职业道德建设的精神旗帜

市场经济是一种扩大化的和脱离了地区限制的"陌生人"间的相互依赖的交换经济,生产中"一切产品和活动转化为交换价值,既要以生产中人的(历史的)一切固定的依赖关系的解体为前提,又要以生产者互相间的全面的依赖为前提。每个人的生产,依赖于其他一切人的生产;同样,他的产品转化为他人的生活资料,也要依赖于其他一切人的消费。"①正是由于陌生人间的相互依赖性,需要人们的行为必须是可确定的和预知的。如果市场上到处都充斥着坑蒙拐骗、假冒伪劣、虚假信息、侵权盗版等非道德的机会主义行为,生产者就不敢进入,交换也不会产生,这样市场也自然发挥不了调节的作用,所以在经济运行中,提高人的职业行为的可确定性,减少机会主义行为出现显得尤为关键。

当前我国正处于经济转轨、社会转型的特殊时期,许多原有的道德规范体系和运作方式都已经失去了作用,金钱成为某些人眼中的价值象征,有的人陷入拜金主义的泥沼。在我国的职业领域,种种唯利是图、偷工减料、虚假宣传、坑蒙拐骗、假冒伪劣、偷税漏税、贪污受贿、以权谋私等道德失范事件频频发生。一些私营企业主无视相关法律法规和员工权益,不依法与职工签订劳动合同,忽视安全生产,重大伤亡事故不断发生;随意延长职工劳动时间,克扣、拖欠工资,随意与职工解除劳动关系的侵权行为屡有曝光;官员腐败案件多发;教师虐待学生、学术腐败等行为时有曝光;工程领域因员

---

① 《马克思恩格斯全集》(第46卷)(上),人民出版社1979年版,第102页。

工安全意识、责任意识、质量意识的缺失,造成一个时期以来社会上重特大安全事故和恶性事件频发。不管从事何种职业都应遵循基本的职业操守,职业文化作为一种社会意识,内在地包含着一定职业群体成员追求的价值理念,可以制约、影响、规范职业群体和个体的职业价值取向、职业态度、职业行为和职业伦理素质发展方向,使其从事合法合理的社会实践活动。职业文化中包含有一些非正式的却普遍有效的职业行为规范,它们作为规章制度之外的规约形成了从业人员思想中普遍存在的约束力量。比如教师文化倡导教师要为人师表,在教师心里存在着规范的行为方式的警戒和不可逾越的道德底线,他们的言行举止、着装方式、妆容仪表、学识修养等都要符合主流文化的价值取向。教师文化就是规约教师行为的看不见的"游丝软线"。通过现代职业文化建设与引领,在职业制度、职业精神和职业行为中旗帜鲜明地指出了应当提倡和坚持什么,反对和抵制什么,明确什么是善的职业行为,什么是恶的职业行为。既对人有所制约,又对人有所激励。在约束、限制某种职业行为的同时,激励、褒扬另一种职业行为。通过其引领与熏陶,内化为人们的正义感、审美感、羞耻感、是非感等一系列的职业观念,提高个人精神境界,为职业人员判断职业行为得失、做出道德评判与选择确定价值取向,使从业人员按照共同的价值观念、道德规范、行为准则来调整和监督自己的日常职业行为。在职业行为中伸张正义、诚信等善念,泯灭欺诈、侵害等恶欲。让他们明白自己的社会责任、铭记职业追求、强化职业自律、规范自己的职业行为。引导职工塑造自尊自信、理性平和、积极向上的良好心态,共同树立良好的职业形象,主动地把自身的能量和才干发挥出来,最终促使职业组织和从业者个人协同发展。

(四)现代职业文化是促进人的全面发展的坚强保证

现代社会,人的一生近三分之一时间都是在职业生活中或是在为职业准备中度过的,职业实践是人们众多生活样法中最重要的样态,是人之为"人"的一种活法。每一个人都是通过一定的职业活动来获取其生存、发展与人生价值的。涂尔干说:"随着职业的功能逐步专业化,每个人的活动领域也会更加局限于其相应职能的界限,所以,我们决不能忽视以职业为代表的大部分生活。"①

　　人们在职业岗位上不是简单地从事劳动以谋求生存,职业活动同时也是精神活动、人文活动、道德活动。尽管不同的职业在具体实践中有多样的价值归属,但它们有共同的终极目标——让每一个个体生活得更好,使从业者在职业实践活动中获得精神满足和实现自我价值。然而,在现实世界里,人们在职业实践活动中一定程度上存在着自发性、异化、利己主义、个体进取精神和创造性被遏制等现象,人在急剧发展的时代中缺乏自我认知、自我管理、自我教育、自我调节的能力,往往被金钱、物质、欲望所操纵,人生意义淹没在无尽的物质欲望之中,忽视了对职业生命的意义体验,缺少了对自己怎样才能成为一个真正的人的思考与追问,失落了对自身存在意义的终极关切。现代职业文化表征着从业人员对理性的、自觉的、创造性的职业生涯的追求,有助于我们理解各种职业活动方式、职业声望及职业行为的多重意义,能够让从业人员感受到自己存在的意义,树立科学的职业价值观。让从业人员更清楚地认知职业使命,引导职业人员在正确认识当下职业生活实然状态的前提下,通过共同价值观的整合和建设,增强职业使命的神圣感和完成职业使命的幸福感,激励他们积极实现由实然性存在向应然性存在转化,把人们内心的追求力量引发出来。让从业人员学会以职业劳动为手段在服务他人、服务社会的过程中重塑职业信仰与职业形象,提升职业尊严和职业幸福,使人的职业生活不断得到优化,在职业活动中满足人对自我价值实现和超越的需要,从而促进个人的职业成

---

① 〔法〕爱弥尔·涂尔干:《职业伦理与公民道德》,渠东、付德根译,上海人民出版社2001年版,第29页。

功与职业组织的兴旺。支持职业组织或职业人保持与人、与社会以及与自然之间的和谐关系,使职业人员获得崇高感、价值感和幸福感,体验职业人生的美好、精神的愉悦,最终达到对自身本质的完全占有实现全面自由发展。

二、现代职业文化建设的价值取向与基本原则

(一)现代职业文化建设的价值取向

1.现代职业文化建设必须以促进人的全面发展为指向

职业文化建设要符合职业人的主体意愿,体现以人为本的人文性和价值性,将促进人的发展作为职业文化建设的终极目的。当代人类社会发展越来越以人为中心,文化建设越来越成为服务于人的有效手段,越来越体现出人的目的、需要与本质。因此,必须把增进职业认同、提升职业能力、塑造职业人格,促进人的全面发展作为现代职业文化建设的价值取向,贯穿于职业文化建设的各个环节,体现在职业文化建设的各项具体工作当中,把是否最终促进了人的全面发展作为衡量现代职业文化建设成效的终极原则和终极标准。背离了这个原则和标准,职业文化建设就走向了人的发展的对立面,成为人的发展的桎梏,必然要被人们否定和抛弃。

第一,人的全面发展是职业文化建设的根本尺度。人的全面发展是个人不断追求的目标,是社会进步的必然要求,也是社会发展的终极目标。人是职业文化建设的根本目标、基本动力和终极尺度,职业文化建设的出发点和落脚点应该是满足现实的人的需要和利益追求,其终极价值指向人的自由全面发展。一是职业文化要体现出对职业人员价值的尊重,尊重人、关心人、激励人、提升人,最大限度地促进职业人的全面发展。现代职业的技术化、专门化和官僚

化威胁着职业的人文价值与人生意义。许多人在职业实践中无法获得成功和幸福的感觉。职业文化是职业人存在和发展不可缺少的社会文化条件,没有一种科学的职业价值观念、没有一套完整的职业规范、没有一个良好的职业制度体系,就不会有安定有序的职业生活秩序,职业人的全面发展和幸福生活也就无法得到有效保障。因此职业文化建设必须把人当做价值尺度和目的,追求对人本身的关照,体现出对从业人员的尊重、理解和关怀。任何职业观念的创新、职业规范的制定、职业环境的营造、职业管理方式的改进都要把不断满足和激发人的生存、安全、健康等自然性需要和公正平等、价值实现、精神满足等社会性需要,使从业人员重塑职业信仰,提升职业境界,展现职业人的个性自由、让职业人获得内在丰富性作为其合理与否的标准之一,为员工的全面发展创造有利的环境和广阔的空间,引导从业人员构建完满幸福的职业生活,在员工个人成长和发展过程中实现职业组织的成长和发展,使职业岗位成为人们诗意的栖息地。不符合人的发展要求的职业文化创新是没有意义的。二是职业文化要体现出对职业服务对象的关心、关怀。每一种职业都是为特定的顾客群体提供专业化的产品或服务,因此,可以说任何职业都具有服务性质,我们所要建设的职业文化应该体现出对服务对象的尊重和关爱,体现出服务者与被服务者之间的相互尊重,相互关怀,体现出人与人之间的平等友好关系,而不仅仅是一种金钱物质交换关系。

第二,人的全面发展是职业文化创新评价的主要标准。评价职业文化的优劣好坏有不同的标准和尺度,可以从是否有利于推动生产力的发展水平来评价,可以从是否有利于构建和形成良好的职业道德、职业秩序和工作环境来衡量。马克思认为,在任何价值关系中,"人"都是价值关系的主体,所有的价值均是以"人"的需要以及满足人的需要为前提的。职业文化建设的根本旨归是人的自由全面发展,我们应该把促进人的发展作为职业文化创新的根本目标,是否有利于职业人或准职业人的全面发展应该是最主要、最根本的评价标准,这是终极性价值尺度。从马克思主义文化观来看,一种文化所蕴涵的价值诉求是否能够促进人类自身种族的强化,是否能够促进人类整体自由度的增强,是否能够促进人类文明的提升,就是这种文化是否具备先进性的评价尺度。① 好的职业伦理观念、好的职业制度设计、好的职业行为习惯就应该是有利于职业人的发展,给从业人员以积极正面的履行岗位职责和为人处事的方法原则,如做事要公道诚信、待人要诚恳热情、办事要公私分明等,能够充分发掘人的潜能,提升人的道德素质和专业能力、展现人的个性自由、满足人的需要和利益追求、不断提升人的需要层次,以此来促进人的自由而全面发展。

2. 现代职业文化建设必须体现实践特色、时代特色、民族特色

现代职业文化建设的又一价值取向,必须在突出实践特色、时代特色、民族特色"三个特色"上下功夫。

一要突出实践特色。实践是人的根本存在方式和本质活动。马克思曾说过:以往的哲学家以不同的方式"解释世界",而问题在于"改变世界"。随着我国全面建设小康社会及实现中华民族伟大复兴中国梦的继续推进,广大人民群众在各行各业中职业实践的内容会更丰富,特色会更鲜明,推进职业文化建设,必须立足于职业实践活动,善于从丰富多彩的职业实践活动中,探索职业文化建设的路径、方法和原则,力求在优化职业行为、丰富内容形式、健全职业制度机制、优化传播手段上有新的突破,以不断满足人民群众向上向善向美的价值诉求。

二要突出时代特色。马克思主义认为,社会存在决定社会意识。一定时期的社会意识必定是这一时代社会存在的真实反映。现代职业文化作为一种社会意识,必须把握时代的主题、紧跟时代

---

① 宋文生:《哲学视野的文化评价标准及其意义》,《湖北社会科学》,2014(5)。

的节奏、反映时代的特征。职业文化建设必须和中国现代化建设的进程协调一致,必须和当下中国经济转型、产业升级直辖市一致,准确反映当代科技进步的最新成果和职业发展的最新趋势,要善于关注广大人民群众物质和精神文化生活需求的新变化,广大从业人员对美好生活的新期待,在正确认识和科学把握当今社会发展历史进程的基础上解决职业领域面临的新矛盾,不断开辟职业文化建设的新路径,使职业文化建设机制从内容到形式从思想到制度、从理论到实践都具有鲜明的时代感。

三要突出民族特色。现代职业文化建设必须把文化创新与继承弘扬中华民族精神和优秀职业文化传统结合起来,进一步彰显中华民族热爱祖国、勤劳勇敢、自强不息等优秀品质,充分发掘传统职业文化中催人奋进的积极因素,并将其进一步发扬光大。同时,职业文化建设还要充分考虑我国是一个多民族国家的现实国情与文化特点,各民族在语言、心理、行为习惯等方面存在着一定差异。同一个职业在不同的民族、不同的地域,其职业观念、职业行为、风俗习惯、对职业的评价等方面有时也会有差异。因此,在职业文化建设过程中必须要体现民族特色,符合民族传统、展示地域风情,使之符合不同民族、不同区域从业人员的传统习俗、认知方式、情感需求、心理特点,使职业文化融入深厚的"本土元素"、凸显"本土风味",增进不同民族、不同区域职业人群对职业文化的价值认同,充分彰显现代职业文化的现代性与民族性的契合之美。

(二)现代职业文化建设的基本原则

1.必须坚持社会主义核心价值体系引领的原则

改革开放三十多年来,随着我国经济体制的深刻变革和社会生活的深刻变化,人们的生活方式、价值取向、思想文化呈现多元多样多变的趋势。在这样的形势下,职业文化建设必须从实际出发,既要积极适应当下中国社会现实,又要积极引导职业实践,有针对性地提出符合实际、行之有效的职业价值观念、职业道德规范、职业制度体系。社会主义核心价值体系是兴国之魂，在职业文化建设过程中如果失去了社会主义核心价值体系的引领，就会误入歧途、迷失方向、失去根本。只有用社会主义核心价值体系引领多样化的思想观念和社会思潮，才能在多元中立主导，在多样中谋共识，在尊重差异中扩大社会认同，在包容多样中增进思想共识，不断增强人们对职业文化的认同感和接受度，凝聚不同职业、不同阶层、不同认识水平的人们共同发展。

首先，马克思主义指导思想主导职业文化建设的性质和价值取向。马克思主义是中国特色社会主义建设的指导思想和行动指南，是社会主义核心价值体系的旗帜和灵魂，决定了现代职业文化的性质和发展方向。现代职业文化建设发展过程中，必然同社会大环境发生广泛而深刻的联系，而社会上各行各业的从业人员具有很大的差异性，他们民族不同、学历不同、经历不同、信仰不同、素质不同等，由此也造成他们的思想观念、原则立场、价值取向也有很大的差异。因此，在发展现代职业文化时必须旗帜鲜明地反对指导思想的"多元化"，始终坚持马克思主义在职业文化领域的指导地位，只有用马克思主义的立场、观点和方法正确认识、分析和解决问题，才能准确认识、判断社会发展的趋势和职业实践的发展方向，确保职业文化建设在纷繁复杂的社会转型与变化中不迷失方向。用马克思主义中国化的最新成果统领中国职业文化建设，以科学的理论武装人，以正确的舆论引导人，以高尚的精神塑造人，以优秀的作品鼓舞人，以科学的制度激励人，才能有效地引领和整合当前的各种社会思潮，帮助广大职业人员增强鉴别力和免疫力，抵御各种错误思潮的影响和侵蚀，逐步树立起高尚的职业人格，不断完善自身职业素养。

其次，中国特色社会主义的共同理想决定了职业文化建设的主题。邓小平在谈到理想信念曾说过："为什么我们过去能在非常困难的情况下奋斗出来,战胜千难万险使革命胜利呢? 就是因为我们有理想,有马克思主义信念,有共产主义信念。"①在社会生活日益多元化、人们的思想观念日益多样化、利益格局更趋多元化的现实中,中国特色社会主义共同理想是代表最广大人民根本利益、为社会各阶层广泛认可和接受,能够有效凝聚各方面智慧和力量。在职业文化建设中要注重加强对从业人员的共同理想教育,使从业人员在确定个人职业理想时,必须以社会理想为参照,不但要择己所愿,还要择世所需。要始终把个人的职业追求与发展同职业行业的发展,同建设中国特色社会主义实现中华民族伟大复兴的中国梦紧密结合起来,马克思指出:"历史承认那些为共同目标劳动因而使自己变得高尚的人是伟大人物,经验赞美那些为多数人带来幸福的是最幸福的人。"②要把建设"富强、民主、文明、和谐"的中国特色社会主义、实现中华民族伟大复兴"中国梦"的共同理想转化为个人成长成才的内在动力,转化为个人职业生涯发展的内在需求。只有将个人发展与社会需求紧密结合起来,才能获得真正的职业成功,实现人生理想。

第三,民族精神和时代精神是国家发展、社会进步的精神力量和动力源泉,也是职业文化建设的精神支柱。从职业文化的产生、演变来看,职业文化总是带有一定的历史烙印和民族印记,任何一种职业文化都既有时代性又有民族性。我们所要建设的职业文化,是建设社会主义先进文化的重要组成部分,应该带有鲜明的时代特征和爱国报国的使命感。在社会主义建设,改革、发展实践过程中,我们形成了"两弹一星"精神、大庆精神、载人航天精神、抗洪救灾精神等一系列具有时代特征和爱国情怀的职业精神。建设职业文化必须大力弘扬"以爱国主义为核心的民族精神和以改革创新为核心的时代精神,弘扬热爱祖国、无私奉献,自力更生、艰苦奋斗,大力协

---

① 《邓小平文选》(第 3 卷),人民出版社 1993 年版,第 110 页。

② 马克思、恩格斯:《马克思恩格斯全集》(第 1 卷),人民出版社 1995 年版,第 459 页。

同、勇于登攀的'两弹一星'精神,弘扬特别能吃苦、特别能战斗、特别能攻关、特别能奉献的载人航天精神,提倡改革创新、敢为人先的创业精神。"①引导从业人员以正确的人生信念和方法去观察职业世界、思考职业人生、实践职业文化,继承中华民族的优良传统,增强民族的自尊心、自信心和自豪感,提高其对国家、对职业的认同感、归属感、责任感,保持满怀激情、昂扬向上的精神状态,在各自的职业岗位实践中,大胆探索、勇于创造、锐意进取、服务人民,自觉地把个人价值追求融入民族振兴、国家发展的伟大实践中。

第四,以社会主义荣辱观作为职业文化建设的伦理价值取向。"荣辱观是人们对荣誉和耻辱的根本看法和态度,它是世界观、人生观、价值观的重要内容,树立正确的荣辱观,是形成良好社会风气的重要基础,属于道德的范畴。"②以"八荣八耻"为主要内容的社会主义荣辱观,是马克思主义世界观、人生观、价值观的具体体现,旗帜鲜明地指出了在社会主义市场经济条件下,应当坚持和提倡什么、反对和抵制什么,体现当代中国人的价值追求,是实现中华民族伟大复兴中国梦的具体践行。社会主义荣辱观为广大职业人确定价值取向、做出道德选择、判断行为得失、提供了基本的价值准则和行为遵循,也为进一步加强职业道德建设指明了方向。在职业文化建设中引导广大从业人员树立和实践社会主义荣辱观,自觉抵制西方腐朽思想的影响,形成符合时代发展规律的文化价值观念,自觉地把社会主义荣辱观的客观要求内化为自己的主观需要,外化为实际行动。在职业选择和职业实践中坚持正确的义利观,正确处理国家利益、集体利益和个人利益的关系。大力倡导和践行以爱岗敬业、诚实守信、办事公道、服务群众、奉献社会为主要内容的职业道德要求,增强从业人员的职业道德意识,养成良好的职业道德品格。

---

① 胡锦涛:《在中国科学院第十四次院士大会和中国工程院第九次院士大会上的讲话》,人民出版社 2008 年版,第 16 页。

② 王瑞祥:《中国企业文化建设纵横》,企业管理出版社 2010 年版,第 40 页。

2.坚持共性要求与个性发展相结合的原则

职业文化建设的共性要求源于我国职业文化建设发展过程中的矛盾的普遍性。在当代中国,任何职业都具有服务社会、服务人民的职能,因此,在职业文化建设中必须坚持马克思主义的指导思想,坚持社会主义核心价值观的引领;在职业道德要求上,必须要求广大从业人员以为人民服务为最根本的宗旨和要求,践行"爱祖国、爱人民、爱劳动、爱科学、爱社会主义"的社会主义道德的基本要求;遵循"爱岗敬业、诚实守信、办事公道、服务群众、奉献社会"的职业道德规范。任何一个具体职业的职业文化建设不能脱离和违背社会组织所共有文化的建设,要将职业文化的普遍要求作为特定职业文化建设的基础。同时,职业文化对不同的职业而言,因为不同的职业由于其所承担的使命和社会责任不尽相同,职业历史积淀、文化传承和所处现实环境也不完全相同,从业者各自承担着不同的义务和责任,这样就形成了多元化的职业文化传统、职业规范、职业责任和道德要求。因此,任何两个不同的职业不会有完全相同的职业文化,职业文化的个性差异是职业文化的生命力所在。这种个异性要求职业文化建设要从职业自身的历史和现实出发,在遵循职业文化发展普遍性规律的基础上,注重不同职业的特殊性。职业文化是群体文化,表现为不同的职业群体意识,表现为维护职业群体利益及规范的文化制度,具有很强的集团性。① 比如在职业道德规范上,对国家公务员更加强调"权为民所用、情为民所系、利为民所谋";对教师职业就要高扬人类灵魂工程师的职业旗帜,倡导教书育人、诲人不倦的职业风范;对医生职业则要强调救死扶伤的精神等等。因此,在职业文化建设过程中不仅要体现出职业文化的共性与普适性,还要体现出职业文化的个性与特殊性,要在坚持共性的基础上,突出反映该职业独特的个性文化特征。每种职业都应建构自

① 董显辉:《职业文化的内涵解读》,《职教通讯》,2011(15)。

身的职业文化,形成本职业独有的职业信念、职业追求和职业形象。只有通过有个性特色的职业文化建设,强化这一职业从业人员的价值观念、群体意识、道德风尚,才能更好地发挥职业文化的功能和作用,从而使从业人员遵从相应的职业行为准则,形成共同的职业行为习惯。如果某个职业的职业文化缺乏个性特色,那么这样的职业文化就会缺乏吸引力和指导力,也就无法承担和发挥指导这个职业应该做什么、怎么做? 引领整个职业、行业的健康科学发展,指引这个职业由"实然状态"走向"应然状态",提升这个职业的社会声誉与地位这样的功能和作用。

3. 坚持合规律性与合目的性相结合的原则

规律是事物运动发展过程中本质的、必然的、稳定的联系。目的是行为主体预先设想的目标与结果。目的与规律分属不同领域,规律具有客观性,目的具有主体性。人们进行实践活动都遵循着两个尺度:一个是物的尺度,即客观事物本质及其规律性;另一个是人的内在尺度,即人的本性的需要。从文化建设的角度看,文化发展实质是合规律性与合目的性内在统一的进程。"合规律性与合目的性的统一是文化发展辩证本性的诉求,它们既从不同的方面体现着客观文化规律、主体价值取向对于文化优化的影响和规定,也体现着文化优化作为一种积极的主体性活动所必须遵循的原则和应当服从的要求。它既是文化优化的原则和尺度,也是文化优化的目标。"①职业文化建设就是按照"合规律性与合目的性相统一"原则,对原有职业价值取向、职业生活方式、职业行为方式、职业制度规范等进行的一种自觉的重新审视、规划设计,使其更好地遵循职业发展规律和文化发展规律,创建更加有利于职业人的生存和发展的文化环境,满足自身的需要和利益,从而使人获得更大的自由和发展。对职业文化发展而言,合规律性与合目的性是不可分割的。不符合

---

① 苗伟:《文化优化:内涵与实质》,《武理工大学学报(社会科学版)》,2011(3)。

文化发展规律,人为地肢解文化有机体,往往会束缚文化生产力,压制文化创造力,削弱文化竞争力,扼杀文化生命力。不反映人的主体性意愿,任文化自我产生,自我发展,自我组织,势必造成文化劣化、退化、衰化和非人化。①

文化建设同经济建设、政治建设、社会建设一样,有自身演变发展的特殊规律。把握、遵循其发展的规律,是现代职业文化建设不可缺少的重要步骤,否则,就会导致行动上的盲目性、随意性。一是职业文化建设要与社会发展相协调。与行业文化、企业文化、社区文化、校园文化等社会亚文化一样,职业文化也是社会文化生态系统中的子系统。任何职业都是在一定的社会文化环境中形成和发展起来的,职业文化是社会文化在职业领域中的特殊体现,社会发展程度是职业文化创新的现实依据和基础。职业文化建设是社会发展、职业变迁对改变人们的职业观念、职业规范、行为习惯等的积极回应,它必须要解决社会发展对职业领域提出的新困惑、新问题、新挑战,弱化由于社会因素的冲突对职业发展及职业人的发展造成的消极影响。同时,职业文化作为一种意识形态,对社会发展具有反作用,任何超前或滞后社会发展程度的文化理念,都会阻碍社会生产发展。因此,在职业文化建设过程中,必须适应职业实践活动的客观需要和经济社会发展的现实需要,避免因职业文化脱离实际带来的指导性、针对性和操作性不强等问题。二是职业文化建设各环节要相协调。职业文化建设包括职业文化需求、职业文化批判、职业文化建构、职业文化实践、职业文化评价等环节,这些环节必须相互协调才能发挥作用。职业文化需求是经济社会发展、新兴职业产生和人的全面发展的新要求对新的职业文化的呼唤,这是职业文化建设的前提和依据。职业文化批判是对旧的职业文化的否定,包括对旧的职业价值观、旧的职业制度和职业道德观念的否定。职业

---

① 苗伟:《文化优化:内涵与实质》,《武汉理工大学学报(社会科学版)》,2011(3)。

文化建构是对职业文化的各种新理念、新要素、新机制进行甄别、筛选、加工,构建职业文化优化革新的方案和制度。职业文化实践是职业文化革新由观念形态变为现实存在的活动,表现为具体职业制度、规范的制定执行和职业行为的养成。职业文化评价是以科学标准和价值标准评判职业文化建设实践的价值和意义。只有职业文化建设的这几个环节协调进行,才能避免蛮干、盲干,使职业文化建设沿着科学的预定轨道发展。三是职业文化建设必须依靠广大人民群众的共同参与。人是生产力中最基本、最活跃的因素,是社会生产活动的行为主体,人民群众是历史的创造者。人是文化建设的主体和承担者,也是文化的生产者和创造者。文化建设和创新的实施是通过人的实践来完成的,没有人及其实践活动,就没有文化创新。作为文化主体的人的实践是文化发展的最基本动力,现代职业文化建设有赖于人民群众主体性作用的发挥。职业文化建设的任何一个环节,无论是培育科学的职业价值观、倡导职业精神,还是构建现代职业制度、改进职业行为等,都离不开现实的、具体的广大从业人员的积极参与。只有让公众广泛参与职业文化建设,才能确保职业文化建设沿着有益于人的全面发展的方向发展。要健全广大职业人参与职业文化建设的机制,充分尊重广大职业人的主体地位和首创精神,注重挖掘广大从业人员的创造智慧,并将之外化为一种自觉行动。

4.坚持历史传承与时代创新相结合的原则

文化跨越历史、现实和未来,是过去、现在和将来的集合体。某个历史横断面的文化,既是历史的积淀、又是现实的需要、更是未来目标,因而,传承和创新是文化不可分割的两个使命。[①] 历史与现实的经验教训反复证明,任何一个国家和民族的文化都是在继承和借鉴中不断变革、创新和发展的。职业文化的形成、发展始终是一

---

① 周耀治:《现代文化内涵释义中的几个基本关系》,《新疆经济报》,2011 年 10 月 17 日。

个伴随着职业与社会的发展不断地自我创新与超越的动态历史过程。现代职业文化建设离不开对优秀传统职业文化的批判继承和对国外先进职业文化的吸收借鉴，这是社会变迁和职业发展的必然诉求。

职业文化是历史积淀和现实环境交互作用的产物，是职业实践的主体——职业人在长期职业实践活动中共同创造的。随着经济社会的转型，新旧职业在不断地产生和消失，从业人员的职业观念和职业追求也在发生变化，我们已不能固守已有的职业文化，需要在批判继承传统职业文化和借鉴外来职业文化的基础上，不断开拓创新、与时俱进，建构出比旧的职业文化更为理想的新模式是职业文化创新、发展之必然。"人们自己创造自己的历史，但是他们并不是随心所欲地创造，并不是在他们自己选定的条件下创造，而是在直接碰到的、既定的、从过去承继下来的条件下创造。"①发展现代职业文化必须以前时代职业文化的发展成果为前提和条件，或者是在吐故纳新中温和发展，或者是在冲突断裂中剧变发展。职业文化传统是指由历史沿传下来的、体现职业群体共同的价值观念和制度规范体系，它所蕴含的代代相传的职业价值观念、职业道德规范、职业行为方式具有强烈的遗传性、历史性和现实性，它已渗透在特定职业的思想、道德、制度、行为方式之中。我国是一个有着悠久历史的文明古国，在几千年的历史实践中，各行各业都积累了无比珍贵的职业生活经验，拥有十分丰富的职业文化遗产。比如：在职业道德方面，奉行"义利统一"的职业追求、"真诚守信"的职业准则、"爱岗敬业"的职业态度。在职业意义的追求方面，抱有"济世救民、治国平天下"的职业情怀，不仅将职业看作是自己谋求生存的方式，而且还将它看作是个人价值的实现以及个人价值得到社会承认的重要渠道，即在传统职业中，人们将自己所从事的职业和自己整个人

---

① 《马克思恩格斯选集》(第 1 卷)，人民出版社 1995 年版，第 585 页。

生的意义、甚至终极关怀联系起来,将自己从事的职业视为完成自己人生使命的有效途径。^① 建设中国现代职业文化必须贯彻"古为今用"的方针原则,继承中华民族优秀职业文化传统。现代职业文化是对传统职业文化的超越和发展,而不是向传统的简单复归。因此,我们要以批判的眼光去全面审视职业文化传统,坚持"去其糟粕,取其精华"的指导原则,发掘文化传统中的积极方面,摒弃文化传统中的消极因素。对我国传统职业文化中的优质因素,我们应进行认真鉴别和选择,着重在价值层面对优秀传统职业文化予以自觉文化认同,并根据新的职业实践、时代要求和社会发展的客观要求,对它们进行改造、转换、升华和创新,使之具有新的含义和新的表达方式,使其更加鲜活、更具生命力,成为现代职业文化的有机因素。

创新是一个民族进步的灵魂,也是先进文化发展的不竭动力。实践证明,人类的文化发展历史,就是一部文化创新的历史。任何一种先进文化要保持其先进性,就必须随着时代的发展而不断创新。现代职业文化建设要着眼于现代化建设的改革实践,着眼于现代职业多元化发展的趋势,着眼于世界职业文化的发展前沿,主动吸收借鉴世界先进职业文化精髓。邓小平强调:"社会主义要赢得与资本主义相比较的优势,就必须大胆吸收和借鉴人类社会创造的一切文明成果,吸收和借鉴当今世界各国包括资本主义发达国家的一切反映现代化生产规律的先进经营方式、管理方法。"^②在职业文化建设过程中,我们必须以积极的姿态、放眼全球的眼光,兼容并蓄,广纳博采。国外特别是发达国家,在职业规范制度的订立、职业资格准入、职业行为操作标准、职业教育体系等方面为我们加强职业文化建设提供了一个可资借鉴的参考模式。发展中国现代职业文化必须坚持继承性与创新性相统一、"古为今用"与"洋为中用"相

---

① 王建强:《继承与发展——论我国现代职业文化建设》,《职业时空》,2007(2)。
② 《邓小平文选》(第3卷),人民出版社1993年版,第89页。

结合的方针。"古为今用"的目的在于"推陈出新","洋为中用"的目的在于"赢得优势"。① 必须用批判的精神、宽容的态度对待古今中外各种职业文化成果,审慎甄别,恰当取舍,充分挖掘传统职业文化的现代价值和外来职业文化的合理因子,使职业文化建设充分体现时代性、把握规律性、富于创造性,用与时俱进的精神推进中国现代职业文化的创新和发展。

5.坚持整体协同与突出重点相结合的原则

职业文化的构建是包括由职业精神文化、职业物质文化、职业行为文化、职业制度文化等要素所构成的系统工程,各构成要素,彼此之间是相互促进、相互依赖、不可分割的有机整体。职业精神文化是系统中最深层、最具稳定性和最有决定力的东西,是职业文化的内核,决定着职业文化的特质,物质文化、行为文化、制度文化反映着并受制于精神文化,是精神文化的表面化和具象化;职业物质文化是职业文化的基础,是职业文化的标志和象征。职业制度文化是职业文化由精神理念走向具体行动的桥梁和载体,是规范、约束、评判职业行为方式的基本依据,缺少制度文化建设,职业行为文化建设无法持续推进。职业行为文化,是职业文化的外在表现,是职业精神文化、职业制度文化建设的最终体现。所以在职业文化建设中,必须坚持系统推进原则,既要注意单项职业制度、规范的制定修订,又要注意与其他因素(如精神文化、行为文化)相互配合;既要适应现代职业发展要求,又要注意与传统职业伦理规范和社会文化心理相协调;既要建立激励性、保障性的机制,又要充实完善惩戒性、约束性规定,做到各构成要素间的系统配套、整体推进。职业文化建设还有赖于不同职业之间的相互理解、协调推进,有赖于同一职业不同职业组织的有机协作、共同发力,有赖于同一职业组织内部高层领导的顶层设计与基层员工的具体执行的有机结合。必须有

① 方永刚:《试论中国先进军事文化发展的原则要求》,《复旦学报(社会科学版)》,2007(4)。

机协调好不同层次建设力量之间的关系,使全体职业人员共同参与,形成向心力,人人为职业文化建设提供正能量,形成强大的职业文化建设"合力",共同推进职业文化的发展。

在坚持协同推进的基础上,当下建设中国职业文化必须突出以下重点:一要加强对职业文化的理论研究。理论研究是推进中国职业文化建设的先导,在现代中国职业文化体系构建研究过程中一定要凸显问题意识,善于聚焦现实问题与矛盾,关注现实,回应现实。当前在职业文化研究中应突出以下"问题域":一是中国现代职业文化思想的渊源流变研究,追溯分析中国传统职业文化、西方职业文化、马克思主义职业文化思想的价值取向、合理内核及其现代转化机制;二是市场经济条件下人们的职业信仰、职业价值、职业认同状况,通过系统分析论证,为破解中国现代职业文化建设难题提供建设性的事实依据和理论主张;三是职业文化与人的存在、人的发展及人生幸福的内在机理;四是如何实现职业文化与企业文化、行业文化建设在价值取向、内容体系、运行机制、环境氛围上的相融;五是如何实现职业文化在职业组织与高等教育领域的有效嫁接机制,使职业文化真正贯通职前与职后的全过程。[1] 二要在继承传统职业文化的优质因子基础上,加强职业理想教育和职业精神培育,使职业人树立坚定的职业信仰和科学的职业观,提高职业尊严和对职业的意义追求,把职业活动与自我完善发展、实现人生价值联系起来,并在追求崇高的精神追求中获得职业使命感和幸福感,做到职业发展和人的发展的和谐统一。三要根据经济转型发展和提升社会治理水平的需要,进一步确立和健全新型职业制度和职业规范,建立和完善职业文化的、运作、发展、评价、奖励、创新等机制建设。

---

[1] 沈楚:《我国现代职业文化研究现状与展望》,《职教通讯》,2013(25)。

三、现代职业文化建设的主要内容

(一)职业文化的物质形态建设

物质是不依赖于人的意识并能为人的意识所反映的客观存在。"职业文化的物质形态"是职业文化主体曾经和正在作用于其上的一切物质对象,是人们通过感官可以感受的一切物质性对象的总和。主要指从业人员创造的产品和职场物质环境、工作设施、生产设备、职业服饰、职业标识等,它是职业文化建设的物化形态和物质载体,这些以物质形式存在的具有职业特色的文化设施,为广大职业人员的生存发展提供了可能性,并以其独特的文化风格和文化内涵,影响并引导着从业人员的行为方式和思想意识。

作为职业文化中的有形部分,物质文化是一种看得见、摸得着的外显文化形态。从职业文化诸形态的内部结构来看,物质性表征从最显在的意义上映照着整个职业文化的历史积淀、时代特征和地域风格,折射着从业人员主体的价值倾向和审美意向,是职业文化的制度和精神意象存在的基础,同时制约着职业精神文化和制度文化的发展和完善。

1.职业文化物质形态的功能

职业文化物质形态对推动职业文化建设、促进职业人的全面发展具有特殊的作用与功能。一是标志寄托功能。每个职业人都是在特定空间中从事职业实践活动,在职业实践中,人与物质产生一定的联系甚至职业人必须依托一定的物质条件才能从事职业活动,这些与职业紧密关联的物质也成了职业的某种符号象征。比如,教师职业供教师讲课指示板书、图片之用的"教鞭",有时还指代教育教学工作,说某某教师接过某某教师手中的教鞭。又如有的老师,向别人自谦地介绍自己的工作，"我是吃粉笔灰的"等，于是，这些"教鞭"、"粉笔"等具象性的物质，就成为代表教师职业的标志和精神依托。① 二是审美创造功能。职业文化的物质形态体现了从业人员的艺术创造力和审美趣味，也体现了一个职业在特定时期的审美追求。"生理的快适感是审美快感赖以发生的基础，机械、设备、条件、环境是作为人的物质使用对象而占有的，在此基础上形成了精神欣赏性的占有，而且往往是在物质性占有的过程与精神审美享受的过程具有同步性。"②因此，优美的劳动环境能够为劳动者提供适宜的外部环境，从而提高从业人员的工作效率、审美情趣和改善日常行为心态。三是规约激励功能。"物质"虽不能用直接对话的方式向人们传递信息，但它却会以独特的方式展示它的作用，比如职业服饰、职业标识，不仅体现了一种职业身份标识，还承载了这一职业的责任与使命的意涵，对职业意识的形成和职业素质的提高有着客观的制约和激励作用，还可以激发人们对职业的光荣感和责任感。医生和护士穿上"白大褂"，就意味着他们是人类病魔的克星，承担着救死扶伤的职责；军人、警察穿上军服警服就意味着他们必须时时以军纪、警纪严格约束自己，时刻注意自己的军人、警察形象，军装警服对他们就是一种无形的约束力。教师胸前佩戴的校徽，就意味着他是知识的化身，承担着教书育人、学为人师、行为世范的职责，校徽也会对教师的日常言行具有无形的约束作用，一个佩戴校徽的人如果他的言行有辱教师的形象，马上会受到别人的指责。

2.职业文化物质形态建设的重点

结合职业文化物质形态的主要内容以及我国职业文化发展的阶段特点来说，当前职业文化在物质层面的建设要突出以下几个

---

① 葛金国、吴玲：《教师文化通论》，安徽大学出版社 2012 年版，第 120 页。
② 张帆：《当代美学新蕾——技术美学与技术艺术》，中国人民大学出版社 1990 年版，第 78 页。

重点：

首先，要创建符合现代职业发展要求和人性关怀的职场工作环境。一个人一生中除了家庭以外，停留最多时间的是工作场所。因此，工作环境的好坏，是不是安全舒适，直接影响着员工的工作质量、生活质量。工作环境对人的劳动积极性的影响很大。调查研究表明，在噪音刺耳、光线昏暗、肮脏混乱的环境下工作人员就容易感到沉闷压抑、紧张疲劳，导致心神不安、厌倦烦躁，劳动生产率至少下降10％，长此以往，从业人员的精神也会受到严重损害。处于空气清新、井然有序、整洁优美的劳动环境里，就会心情舒畅、精神愉悦、精神振奋，生理的、心理的紧张和疲劳容易得到缓解，劳动生产率至少提高15％。因此，在职业文化建设中应注重为员工创造优美的工作环境，要根据经济社会的发展和科学技术的进步，不断改进职业人员的生产工具和工作条件。特别是当前我国一些建筑、有色金属等行业的职业人员工作环境还比较艰苦，生产条件简陋、生产环境恶劣，"三废"污染严重，无通风排毒设备，许多工人常年在高温、有毒、有害的工作环境中工作。对这些行业更要改善从业人员的劳动环境和工作条件，为他们提供必要的与职业者生命健康息息相关的劳动保护措施。

其次，要大力加强满足职业者精神文化需求的文化设施建设。人不仅有物质需要，更重要的是精神需要。员工的职业文化生活，是职业人享受职业文化发展成果、接受文化熏陶启迪的重要阵地，也是职工直接参与现代职业文化创造的广阔平台。随着经济发展方式的转型和员工文化需求的新变化，以增强综合能力、实现全面发展为目标的精神文化需求，越来越成为职业人员的热切期盼。"70后"、"80后"、"90后"青年员工成为职业人群的主体，他们成长于改革开放的时代，普遍接受过义务教育或高等教育，综合素质较高、文化视野开阔、价值观念多样，对工作环境、福利待遇、发展机会、文化生活有更高的要求。然而当前，在一些职业领域忽视甚至漠视职业人员精神文化需求的问题还相当突出,员工文化生活贫乏、文化设施短缺、文化需求不能得到基本满足,特别是农民工的精神生活、精神抚慰和人文关怀缺失的问题日益凸显。这就要求现代职业文化建设必须体察员工愿望、反映员工心声、回应员工期待,建立和完善员工的文化设施,搭建互动高效的文化交流平台,把创新发展各具特色的职业文化生活作为重点,大力发展员工喜闻乐见、健康有益的职业文化活动,努力建设覆盖全体员工的文化服务体系,形成团结和谐、健康向上、充满活力的先进职业文化生态,以文化修身、以文化怡情,在满足员工日益增长的精神文化需求中促进职业人员的全面发展,实现职业文化发展成果共建共享。

再次,注重推进虚拟空间文化建设。随着我国新媒体的快速发展,不少年轻人选择了网络办公,新媒体网络平台已经成为人们的又一个职场空间。目前,很多职业组织出于工作需要已经开设了以沟通交流为目的的具有与实体同效的网络公共交流办公平台,比如官方网站、官方微博、官方微信等,一些从业人员个人也以公开职业身份开设微信、微博,比如许多教师、公务员开设的实名微博,这些成为在虚拟空间领域具有代表性的职业物质文化。推进网络交流、开设网络办公平台是信息社会发展的必然趋势。因此,在职业文化建设中,我们要高度重视网络虚拟空间的物质文化建设,规范对各类网络职业文化平台的开发、建设、管理。

(二)职业文化的制度载体建设

"制度乃是文化分析的真正单元。"①制度文化是文化系统中由制度构成的秩序系统,它既是一种显性的制度性结构,又是一种隐性的意识形态,它关系着社会生活的方方面面。科斯指出"实际的人在由现实制度所赋予的制约条件中活动",②制度时时刻刻引导、

①　[英]马林诺夫斯基:《科学的文化理论》,中央民族大学出版社 1999 年版,第 65 页。
②　转引自卢现祥:《新制度经济学》,武汉大学出版社 2004 年版,第 43 页。

规范着人的行为。新制度经济学家诺思认为，"制度是一个社会的游戏规则，更规范地说，它们是为决定人们的相互关系而人为设定的一些制约。制度构建了人们在政治、社会或经济方面发生交换的激励结构。"①早期的制度学派康芒斯把制度解释为一种"集体的行为"、解决交易冲突的"秩序"。通过制度建构，使人的行为更加理性，人际交往过程变得更易理解和更可预见，给人们带来了和谐、稳定的秩序和高效率。

马林诺夫斯基从人的群体合作生存方式中认识到了制度文化的重要性，他认为，"如同我们能科学地观察到的，我们生活于其中并且经历的基本文化事实，就是人类都被组织在永久性群体中，这样的群体经由某些协议、某些传统法律或习俗、某些相当于卢梭'社会契约'的因素而相互联结。我们总能看到这些群体在一个确定的物质环境——一个专门供其利用的环境、一套工具设备和人工制品、一份归他们所有的财富——当中合作。在合作中，他们遵循地位或贸易的技术规则，遵循有关礼节，习俗性谦让的社会规则，以及塑造其行为的宗教、法律和道德习俗。"②

职业文化的制度载体包括职业法律法规、职业规章制度和职业纪律、职业规范、职业风俗习惯等及相关事物。作为职业文化系统中最具稳定性的因素，职业文化的制度载体界定了人们在职业实践活动中自我取舍和道德活动的空间，规定了个体做什么的权利，也规定了个体不能做什么的边界，它对从业人员的思维、言行方式及工作习惯具有引领、约束和定型的作用，它调节着职业人员内外关系，维持着职业组织的正常运转。职业文化的制度构建，是职业文化建设能够得以落实的制度保障，缺失职业文化的制度层面建设，职业文化建设就无法可依、无章可循。

---

① ［美］道格拉斯·C.诺思著：《制度、制度变迁与经济绩效》，杭行译，三联书店 1994年版，第 3 页。

② ［英］马林诺夫斯基：《科学的文化理论》，中央民族大学出版社 1999 年版，第 57 页。

1. 职业文化制度载体建设的价值取向

在一定意义上,一部人类文明史,就是一部社会制度的变迁史。因而,制度供给、制度变迁、制度创新就越来越成为人类社会发展的必备资源。职业文化的制度层面构建,是职业文化建设能够得以落实的制度保障,没有制度层面的建设,职业文化建设就无法可依、无章可循。就推动职业发展而言,什么样的职业制度供给,怎样的制度创新才能推动职业的发展和促进职业人的全面发展进步,这就使得我们不能不关注职业制度所负载的伦理价值。

一是突出公平正义。公平正义是制度设计的灵魂,也是制度的生命力之所在。罗尔斯曾说过:"正义是社会制度的首要价值,正像真理是思想体系的重要价值一样……每个人都拥有一种基于正义的不可侵犯性,这种不可侵犯性即使以社会整体利益之名也不能逾越。因此,正义否认为了使一些人分享更大利益而剥夺一些人的自由是正当的,不承认许多人享受的较大利益能绰绰有余地补偿强加于少数人的牺牲。"①他认为,公平正义是一种应当的价值取向,追求的是一种值得过的生活(无论是以个体或是以集体的方式生活)。不管法律和制度是如何有效率和有条理,如果它是不正义的不公正的,就必须予以改造和废除。马克思指出:"人们奋斗所争取的一切,都同他们的利益有关。"②因此,作为建构职业活动领域基本秩序和规范职业行为的职业制度体系,其所应追求的首先是制度安排本身的公平正义。职业制度的公平正义在内容上要求制度安排必须保障人们在社会经济、政治、法律等方面享有基本同等的地位和权利,妥善处理社会成员的利益冲突和价值对立,在实施过程中做到在制度面前人人平等,不能讲特权搞例外,坚决维护制度的权威性,在职业实践中通过给每位职业者提供公平的机会来保证过程公平、结果公平。一个好的职业制度如果在实施过程中走了样,没有

①　罗尔斯:《正义论》,中国社会科学出版社 1989 年版,第 3 页。

②　《马克思恩格斯选集》(第 1 卷),人民出版社 1995 年版。

按照平等的准则实施,不能做到在制度面前人人平等,那么制度的权威性就会大打折扣,这就向社会发出了消极信息,不仅不会起到规范言行、激励先进、鞭策后进的作用,甚至会伤害员工的积极性,削弱了制度的公信力,削弱了组织的公信力,导致职业活动走向混乱无序的状态。当下,人们感叹在求职时所谓的"拼爹时代"、"萝卜招聘"、"就业歧视"等现象就是很大程度上源于制度的不公正,或者是职场中的明规则抵不过潜规则。只有消除"潜规则",才可以为社会提供一个稳定的规范秩序,并在此基础上呈现与传达一种能够有效引导社会成员的价值精神。

二是追求求上向善。求上进、行善行,是人们从事一切社会实践活动和社会文化建设的最重要的道德取向,也是人类追求的终极目标。制度文化"是稳定地组合在一起的一套价值标准、规范、地位、角色和群体,它是围绕着一种基本的社会需要而形成的。它提供了一种固定的思想和行动范型,提出了解决反复出现的问题和满足社会生活需要的方法。"①作为价值标准和行为规则的系统,制度文化具有明确的导向功能,提供了人们普遍遵守的行为模式。制度文化承载和表达的是一种"规范化、定型化了的正式行为方式与交往关系结构"。衡量一种制度文化的优越性的标准,一是简约,二是符合人性需求,三是能有效刺激个体向上和向善的欲望。② 职业文化制度载体表现出较强的规约、激励特征。它旗帜鲜明地指出了应当提倡和坚持什么,反对和抵制什么,明确什么是善的职业行为,什么是恶的职业行为,在约束、限制某种职业行为的同时,激励、褒扬另一种职业行为。通过职业制度文化,可以使从业人员和其他社会人员对从业者的职业行为产生良好的心理预期。如果在制度构建上忽略了求上向善的道德诉求,那人们对职业行为的良好的心理预期就无法保证,制度的有效性就会大打折扣,职业人员的思想就会

---

① 伊恩·罗伯逊:《社会学》,商务印书馆1990年版,第109页。

② 金庆良:《大学制度文化建设中的取向》,《教育评论》,2009(1)。

出现波动甚至混乱，职业行为就会无所适从。在经济社会转型的当代中国，市场经济、快餐文化、网络传媒等诱发的各种价值观和道德观，正在冲击着人的欲望和道德价值的底线。从业人员的职业行为、道德取向面临多种诱惑和挑战。职业制度文化对从业人员的思想行为具有规范、约束、纠偏作用，因此，在职业制度设计、修订时必须体现出鲜明的道德立场，引导支持鼓励从业人员在职业岗位上爱岗敬业、服务社会，好的职业制度可以增强职业人的权利意识、自主意识、责任意识，从而提高人的层次，塑造健康和谐的职业人格。相反，坏的职业制度是职业人身心发展的牢笼，使人的批判意识、独立意识、探究精神受到压制、摧残。

三是体现科学民主。职业制度是人制定的也是为了人，任何一种制度的创新都是为了满足人们的需求，世界上哪怕曾经是最优秀、最完美的制度，也不可能永远有效。如果原有的职业制度或者旧制度下的某些具体职业规范已经不能够适应当前职业发展的要求、不能满足促进职业人全面发展的要求，那么对原有职业制度进行纠错修复、创新完善或者制定新的制度的任务就摆在了人们的面前，这也是制度文化不断发展的标志。要进行职业制度的修复或创新，决策上的科学性和民主性是确保制度文化建设取得成效的先决条件。坚持民主、公开、平等、协商的原则，扩大制度制定过程的民主性与参与度，让更多的职业人参与职业法律法规及职业组织具体规章制度的制订、修改和完善过程中来。也要广泛吸纳该职业服务对象的意见建议，使社会各方面的利益诉求得到充分表达，实现职业制度的制订者与执行者的统一，服务者与服务对象的统一，真正使职业法律法规和规章制度汇聚民智、反映民意、体现民利，增强规章制度的内在效力。这样，既有利于职业制度、规章的制定更加科学民主、更新地气，同时，广大职业人参与规章制度讨论制定的过程也是统一从业人员思想认识的过程，增进大家对制度认同的过程，有利于新的规章制度颁布后的贯彻执行，有助广大从业人员更好履行各自的职业岗位义务和责任。

2.职业文化制度载体建设的重点

（1）完善职业制度体系。科学完善的制度体系，是职业制度文化建设的重要组成部分，同时也是推进职业文化建设的前提。制度文化建设往往含括制定制度文本—运行实践—反馈修订这样一个不断循环和不断完善的过程，它最终形成的是人人都自觉以此为准绳的体制、机制、政策系统，一种身在其中、离开它就无所作为的环境氛围。[①] 要建设这样的职业制度文化，需要我们具有系统思维，既要着眼于宏观职业制度体系的构建，又要着眼于职业组织内部微观职业制度规范的完善。

一要加强职业法律法规建设，为各行各业开展职业实践提供完善的法律保障。法律法规是以国家强制作为保障实施的行为规范。随着我国现代化进程的深入推进和社会主义市场经济体制改革的深化，社会性分工的不断细化，社会职业划分越来越细，新型职业不断涌现。分布在不同职业的劳动力总是在一定制度结构的规范下运行的，劳动力的职业选择、职业流动、职业准入、职业教育培训等都需要一定的制度做保障。但由于职业资格准入制度的不完善及相关职业法规的缺乏，在一些职业活动中就出现了法律真空，给劳动力在职业之间的流动带来了不确定性和挑战性，不利于指导从业人员的职业活动。为保障新兴职业的良性发展，必须加强有关职业的立法工作，充分发挥法律、法规对职业行为的刚性约束作用，减少职业实践活动中非道德行为产生的可能性及产生的危害，通过法律的适用和执行来实现对从业人员职业实践活动过程中合理性和合法性行为的监管，为建立秩序井然的职业生活和社会生活秩序提供保障。要根据时代的变化和社会发展的需要，加强利益分配机制、社会保障机制、诉求表达机制建设和有关职业法律法规的修订完

[①]　范跃进：《论制度文化与大学制度文化建设》，《山东理工大学学报》（社会科学版），2004（2）。

善,统筹协调利益关系,调控弥合价值冲突。

二要建立从业人员的职业行为信用制度。从业人员职业行为的信用在一定程度上反映了社会的信用形象,同时,职业信用的建设还必然会对整个社会的信用建设产生广泛的影响。当前,我国职业领域出现的种种乱象和道德腐败现象,从某种意义上可以说是人们的职业信用坍塌所致,正因为在职业行为中不讲信用,所以各种食品安全问题、工程质量问题、官员腐败问题相继爆发。在职业文化制度层面的建设中必须建立相应的职业信用制度,也就是建立职业人员的个人信用档案制度。主要包括:建立职业人员的个人信用档案,记录职业人员在职业行为过程中的信用状况;建立职业人员个人信用评级制度,制订相关的职业信用评估标准,并将其纳入对于职业者从事某一职业或职业变动的重要参考依据,对于职业行为严重不讲信用者限制其从事某些特定职业。

三要创新职业组织管理制度文化建设。一个职业组织的制度文化建设得如何,能不能通过组织制度文化的创设,充分调动职业者的积极性,充分挖掘其潜能,这对提升职业组织绩效和实现个人事业成功至关重要。根据拉坦的解释,"制度创新或制度发展一词将被用于指,第一,一种特定组织的行为的变化;第二,这一组织与其环境之间的相互关系的变化;第三,在一种组织的环境中支配行为与相互关系的规则的变化"。① 因此,在组织微观层面上要促进职业文化与组织战略、人力资源管理等经营管理工作的深度融合。职业文化的建设发展是一个长期的、循序渐进的发展过程,职业人员对职业文化的认同一般也需要较长的时间,而把职业文化"变成"一种制度,在抓制度落实的过程中强化制度精神,就会加速职业者对职业文化的认同,保证在职业文化认同过程不会出现偏差。职业组织应该牢固树立以人为本的理念,及时清理、废除过时的各种管

---

① [美]科斯·阿尔钦·诺斯:《财产权利与制度变迁》,刘守英译,上海三联书店,上海人民出版社 2000 年版,第 329 页。

理制度,根据经济社会发展变化和时代需要,逐步完善、修订组织制度,建立各种与原则性规范相配套的适用性规范,把制度的一般性要求变成具体的可操作的程序。将现代职业文化理念转化为具体的工作标准、岗位规则和行为守则,体现到工作奖惩、人才培养、干部任用的制度上。建立高标准的行为规范体系,完善以能力或绩效为导向的组织人事制度、生产管理制度、民主管理制度,做到制度标准与价值准则协调同步,激励约束与文化导向优势互补,实现职业文化与职业管理制度的衔接。要提高组织管理水平,充分体现人性化的管理理念,体现对员工的人文关怀并注重组织与员工之间"心理契约"的建立,发挥职业人员的主观能动性,让他们享有管理过程中的知情权、参与权和建议权,使组织管理由经验管理,向科学管理、文化管理转变,使职业文化成为广大职业人员认知、认同、认可的行为自觉,提升从业人员的职业荣誉感和组织归属感,使组织中的每位从业人员为实现个人职业理想和组织发展的双赢目标各遂其志、各尽所能、各展其力。

(2)强化制度执行力度。与制度的制订同样重要的是,如何确保出台的制度在实践中得到不折不扣地贯彻落实而不是消极执行或变相抵制。近年来,"潜规则"盛行,一些从业人员无视职业法律法规、工作制度、岗位纪律,为所欲为。原因何在,有人说是制度不健全有漏洞,有人说是纪律要求不严。其实还不全是这些原因或者说根本原因不再于此。我们认为,根本原因在于制度的执行者不同程度地缺乏制度精神,缺乏自觉地理解制度、认同制度、遵守制度、执行制度。对颁布的制度是以严的要求严的标准来执行,还是以松的标准来执行,对违反制度违反规定的行为是严格执纪还是法外开恩将会产生两种相去甚远的行为,导致两种截然相反的结果。制度的生命力在于执行,执行的着力点在严格。如果在制度执行上不严格要求或者搞"潜规则",那么正式制度就形同虚设,制度也无法起到扬善惩恶的作用。如果人们发现制度禁止做的事情,有人做了并受到了相应的惩罚,那么他就不会做;相反,如果有人做了制度禁止的事情不但没受到惩罚反而获得了一定的利益,这就起到负面的示范效应,投机取巧者风光无限的现象必然司空见惯,这往往比没有制度造成的危害更大。因此,在职业文化制度层面建设中,我们除了要建立好的制度体系以外,还要坚持制度"刚性",切实加大职业制度的执行力度。制度的价值是在贯彻执行中体现的,再好的职业制度,如果执行不到位,也难以体现其存在的价值,发挥不出应有的效力。加强制度文化建设,需要确立"制度既定就必须不折不扣地严格执行"的理念,树立制度的威信,严格按制度规范约束从业人员的行为,决不允许行取舍、做变通,搞选择性执行。切实做到不打折扣、不开口子、不搞变通,真正让铁规发力、使禁令发威。对踩"红线"、闯"雷区"的,要做到零容忍,凡是触犯制度的必须受到追究,防止制度成为一纸空文。同时要加大对职业制度执行情况的严格检查、监督、考核。

(三)职业文化的精神意象建设

文化的实质,是特定群体所共有共享的价值和意义体系,而精神意象是文化的灵魂。真正影响我们生活的并不是器物、行为规则本身,而是器物、规则背后的价值和意义。蕴含在职业行为中的价值观念、思维方式、道德风尚等深层次的精神文化,是职业文化的核心和灵魂,反映的是职业者的整体精神面貌和态度,对职业行为活动起着一种激励作用。

1.职业文化精神意象的特点

职业文化精神形态具有以下三个特点:一是积淀性。职业文化的精神形态是职业群体在长期的职业实践中逐渐形成的,代代相传,不断地丰富发展,成为职业群体共同的价值观和行为准则,并逐渐维系、巩固和规范。职业文化的精神形态的积淀性,植根于人类文化的继承性,它悄然沉积于文化共同体的集体无意识之中,进入人们的精神—心理结构。二是隐渗性。职业文化的精神形态所创设的那种潜伏的弥漫于整个职业群体并凸现风范的精神氛围,使置身其中的人无须繁琐说教,便会自然感到心灵的净化和情感的熏陶。这种渗透性影响具有"桃李不言,下自成蹊"之妙,甚至是当你身处这个职业内部时还没有明显感受到的,当你处在不同的职业文化圈时,就会明显感受到自己与其他职业人员的"异质性"。这种职业精神能均匀地影响职业者个人的精神世界,一个从业多年的老员工其思想、行为往往被打上该职业文化的深深烙印。从某种意义上说,职业文化的精神意象成为人们从事这一职业的信仰追求,以其特有的内在潜力激发后人奋发前行。三是稳定性。文化发展具有明显的继承性。作为意识形态的价值观念一旦形成将不会被轻易改变,往往会持续稳定地对人的思想行为发生积极影响。由于具体职业的相对稳定性和一贯性,职业文化的精神形态作为某个职业群体的共同的团体精神,也具有一定的稳定性特征。它以一种潜移默化的形式,对从事这个职业的每个职业者的精神世界产生久远影响,这种影响或许是不经意的、缓慢的,它一旦形成,就会持久地存续下去。我国有些职业比如教师、医生等职业,几千年来其职业精神和优良传统能保持至今就是这个原因。有些职业尽管职业名称发生了变化,但其职业的精神内核仍然一脉相承。

2. 职业文化精神意象建设重点

(1)塑造职业价值观

马克思指出:"'价值'这个普通的概念是从人们对待满足他们需要的关系中产生的。"①价值观是指价值主体在长期的工作和生活中形成的对于价值客体的总的根本性的看法,是驱使人们行为的内部动力,支配着人们的态度,牵引着人们的行为。价值观在职业问题上的反映就是职业价值观,职业价值观是职业文化的核心和

---

① 马克思、恩格斯:《马克思恩格斯全集》(第19卷),人民教育出版社1972年版,第406页。

灵魂。

"职业价值观"这一术语见于 20 世纪 50 年代苏伯尔（Super）的职业发展理论。不同的学者根据各自的研究结果从不同角度对职业价值观进行界定。我们认为，职业价值观是人们对待职业选择、职业生活、职业等级等与工作有关的事物的一种总体认识和价值判断，是在职业生活中表现出来的一种比较稳定的职业价值取向，它反映了一个人对职业的基本信念和态度。职业价值观为人们的职业生存和发展提供基本的方向和行动指南。职业价值观影响制约了人们职业发展中的职业情感、工作态度和劳动成绩效果高低，影响了人们对职业理想、职业方向和职业目标的确定，决定了个体的职业生涯发展情况。从某种意义上可以说，有什么样的职业价值观就会有什么样的职业人生。

职业本质上并无高低贵贱之分，只是人们用不同的价值观来衡量才造成了所谓不同职业的"三六九等"的错位。一个人只有树立正确的职业价值观，才能够适应社会对人才的需求并实现成功就业，而且能看到这份工作与社会上认为更好的工作具有同样的重要意义，在工作岗位上实现个人的人生价值。正如马克思在《青年在选择职业时的考虑》一文中所言："一个人的职业价值观可能赋予其'高贵'、'尊严'，但同时，也可能毁灭人的一生、破坏他的计划并使他陷入不幸。"因此，树立科学合理的职业价值观，"这无疑是开始走上生活道路而又不愿拿自己最重要的事业去碰运气的青年的首要责任"。"一个选择了自己所珍视的职业的人，一想到他可能不称职时就会战战兢兢——这种人单是因为他在社会上所居地位是高尚的，他也就会使自己的行为保持高尚。"①

党的十八大报告明确提出要"倡导富强、民主、文明、和谐，倡导自由、平等、公正、法制，倡导爱国、敬业、诚信、友善，积极培育和践

---

① 《马克思恩格斯全集》（第 40 卷），人民出版社 1982 年版，第 4—7 页。

行社会主义核心价值观。"职业价值观作为社会主义核心价值观在职业领域的具体体现，是职业人和准职业人总的行为导向、行动准则和精神动力。培育职业价值观必须将社会主义核心价值观融入其中，使全体成员"爱国、敬业、诚信、友善"个人价值观得到践行，把培育、提炼、形成体现时代精神、职业责任且独具特色的职业价值观作为根本任务。当前，我们倡导树立义利统一的职业价值观、基层就业的价值观、创新创业的价值观。①

一是树立义利统一的职业价值观。职业劳动不仅是一种生存手段、具有"为我"的意义，同时，职业还具有社会性价值。因此，我们必须将职业对个人的目的性存在和"为他"的道义性要求结合起来，引导、鼓励人们超越个人利益的狭窄视域，从功利价值与道义价值、手段与目的相统一的高度来认识自己的就业选择和职业活动，把是否符合"义利统一"的原则视为检视人们职业行为的标准，要求人们在职业活动中追求谋取个人利益最大化的同时，不得违背法律要求和社会规范。要使人们真正认识并实际地体验到职业活动的这一价值真谛："在选择职业时，我们应当遵循的主要指针是人类的幸福和我们自身的完美……人们只有为同时代的人的完美，为他人的幸福而工作，才能使自己也达到完美。"②

二是树立基层就业的职业价值观。当前，我国就业形势依然严峻、就业结构性矛盾非常突出。部分大学毕业生坚持"非高薪不干，非大企业不进，非大城市不去"的就业观念，一心想去大城市、大机关、大企业，导致一方面城市就业竞争加剧，另一方面偏远地区、农村地区、基层单位人才严重匮乏，这种失衡的状态不仅给社会的稳定和就业带来了相当大的压力，也不利于青年自身发展。在当前社会就业压力日益增大的情况下，青年人要转变只在大城市、大企业就业的价值观，积极树立以社会主义核心价值观引导的职业价值

---

① 李海滨、陆卫平：《社会主义核心价值观对职业价值观的塑造》，《人民论坛》，2014(4)。

② 《马克思恩格斯全集》（第40卷），人民出版社1982年版，第7页。

观,在符合个人和社会的需要的前提下,确立基层就业的价值观。到基层就业青年人不仅可以把所学知识、能力运用到实际工作中,可以施展自己的才华,而且在基层工作可以使自己的心理素质得到提升、品格意志得到锤炼、工作经验得到积累,增加了生活体验和感悟,为日后职业生涯发展打下基础。

三是树立创业创新的职业价值观。自主创业对于当今社会、经济的发展和青年自身的成长都非常重要。创业一方面可以解决自身的就业问题,获得精神和物质上的满足,另一方面,创造了更多的就业机会,增加社会就业岗位。当前,我国大学生的自主创业率还比较低,许多毕业生还是习惯于找一份安稳的职业、按部就班地工作。青年应有着蓬勃的朝气和"初生牛犊不怕虎"的精神,他们对未来充满希望,有着对传统观念和传统行业挑战的信心和欲望。因此我们应大力鼓励广大青年创业创新,引导他们树立创业创新的职业价值观。

（2）培育职业精神

"精神是指人的意识、思维活动和一般心理状态,有时也指表现出来的活力。"[①]人总是要有一点精神的,一个国家、一个民族乃至一个行业也要有一点精神。一个职业群体如果没有职业精神,就会缺乏社会责任的担当,难以赢得社会的尊重和认同。职业精神指人们在职业理性认识基础上的职业价值取向及其行为表现,是对职业理念、职业责任及职业使命的认识与理解,是对职业理想、职业追求及职业荣誉的升华与深化条件下的职业态度及其职业操守。[②]

职业精神不仅反映并表现着个体精神世界的内容和层次,而且内在地影响着职业活动的性质和方向,它反映着从业人员的精神追求和人生境界。职业精神对促进职业发展,取得事业成功具有巨大的推动作用。正如胡锦涛同志在庆祝神舟六号载人航天飞行圆满

---

① 李泽泉:《中国特色社会主义道德建设思想》,人民出版社 2010 年版,第 82 页。
② 蒋晓雷:《现代职业精神的培育》,《中国职业技术教育》,2009(8)。

成功大会上指出的：“伟大的事业孕育伟大的精神，伟大的精神推动伟大的事业。”

当前，培育职业精神，综合起来讲，要重点培育职业人员的“敬业”、“服务”、“诚信”、“公道”精神。

一要培育敬业精神。敬业精神是职业精神的集中体现。敬业就其基本内涵而言，它要求从业者专心致志以事其业，对事业有执着的追求、坚定的信念和崇高的理想，以虔诚的态度对待自己的职业，认真负责做好本职工作。孔子说“敬事而信”（论语·学而），他把专心、认真对待工作的态度叫做“执事敬”，即尽心去做，做好做成。荀子说“百事之成也，必在敬之；其败也，必在慢之”。东汉著名思想家王充也说：“天下之事成于慎而败于忽。”韩愈说“业精于勤荒于嬉，行成于思毁于随”。朱熹把“敬”解释为：“专心致志、以事其业。”肖群忠教授认为“敬业”它包含四层基本含义：一是全神贯注、一心一意地工作；二是严肃认真地对待职业；三是勤勉努力地工作；四是以一种畏惧谨慎之心去看待自己所从事的职业。① 为什么要敬业？梁启超在《敬业与乐业》中解释为：其一，人不仅是为了生活而劳动，也是为了劳动而生活，劳动、做事就是生命的一部分；其二，无论何种职业都是神圣的，“事的名称，从俗人眼里看来，有高下；事的性质，从学理上解剖起来，并没有高下”。在社会分工链条上，每一个环节都不可或缺。② 马克斯·韦伯认为，敬业是资本主义发展的重要精神动力，“那种为职业而献身的精神……曾经是而且至今仍然是我们资本主义文化最重要的特征之一。”③

爱岗敬业历来是我国劳动人民的优良品质，“一思尚存，此志不懈”、“鞠躬尽瘁，死而后已”、“锲而不舍，金石可镂”等这些脍炙人口、广为流传的格言名句，饱含着人们对勤勉敬业者的肯定和赞美

① 肖群忠：《道德与人性》，河南人民出版社 2000 年版，第 187 页。
② 梁启超：《饮冰室文集点校》，云南教育出版社 2001 年版，第 3330－3331 页。
③ 马克斯·韦伯：《新教伦理与资本主义精神》，四川人民出版社 1986 年版，第 52 页。

之情。"过门不入、夙夜在公,礼贤下士、三顾茅庐,是官吏的敬业;有教无类、诲人不倦,循循善诱、教学相长,是教师的敬业;遍尝百草、以疗民疾,医为仁术、割股之心,是医生的敬业;货真价实、童叟无欺,君子爱财、取之有道,是商人的敬业;愚公移山、吃苦耐劳,一分耕耘、一分收获,是农民的敬业。"①正是依靠敬业奉献,在历史上我们创造了光辉灿烂的华夏文明,并在经济快速发展的今天缔造了中国速度、中国模式。个人的敬业精神决定了事业的成败,也影响着社会的发展和进步。世界上一切幸福美好的生活都来自于辛勤劳动、打拼奋斗。敬业精神是我们成事成功和创造美好未来生活的不二法门。唯有敬业,才能实现人生价值、提升人生境界、创造幸福未来。当前,中国正处于改革和发展的关键时期,面临着全面建成小康社会、实现中华民族伟大复兴"中国梦"的历史任务。实现我们的奋斗目标,开创我们的美好未来,需要每一个中国人的参与、投入和贡献。中华民族实现伟大复兴的梦想,要靠 13 亿中国人的努力创造,敬业就是实现中国梦的动力之源。每个人不管从事什么职业,都应该努力发扬敬业精神,敬重自己所从事的职业,将自己的职业、工作视为人生信仰,像热爱生命一样热爱职业,以虔诚恭敬的态度对待工作、对待事业,将"凡做一件事,便忠于一件事,专心致志,心无旁骛"的精气神体现在自己所从事的职业和事业中,干一行,爱一行,专一行,做到忠于职守、尽职尽责、精益求精、勤奋工作。再次,要善于创业。创新是一个民族进步的灵魂,是一个国家兴旺发达的不竭动力。创新也是职业发展的动力所在。全面建设小康社会、实现中华民族的伟大复兴是一项全新的事业,需要各行各业不断发扬创业和创新精神,充分发挥个人的主动性、积极性和创造性,在各自的工作岗位上不断有所发现,有所创造,为社会的发展和进步贡献自己的力量。

---

① 任者春:《敬业:从道德规范到精神信仰》,山东师范大学学报(人文社会科学版)》,2009(5)。

二要培育诚信意识。现代职业要求从业者必须具有诚信意识。邱吉在《培育职业精神的哲学思考》一文中认为[1]："'诚信'作为一种关系范畴对职业活动加以规范，它反映的是从业者个体之间、个体与人格化的群体和组织之间的某种约定和契约关系；作为一种职业道德意识和行为规范，它要求从业者自觉遵守职业约定、践履承诺；作为一种职业品质，反映的是从业者个体在长期的实践过程中，自觉履行诚信要求后积淀而形成的一种稳定的态度和价值取向；作为一种结果，反映的是从业者通过自身的诚信品质营造出的一种相互信任的和谐环境"。诚实守信是从业人员做好本职工作的基本要求，是职业行为的道德底线，当代哲学家埃米特指出："一种职业……伴随它的是对其履行的标准的观念，它不仅是构成生活的一个方面，而且是这样一种东西，实践者处于这种职业中，对于维持一定的标准，就有一种信用上的真诚。"[2]张育民依据针对对象的不同将职业诚信分为从业者对本职业主体的诚信和对本职业以外主体的诚信。[3] 前者包括对本职业其他从业者的诚信和对本职业整体的诚信；后者包括从业者对用人单位的诚信、对委托人或者投资人的诚信、对包括其他职业主体在内的服务对象的诚信、对国家的诚信、对社会公众的诚信等多个方面。对于从业人员来说，具有诚信意识就是要求对本职业的角色要求能够正确把握，在不损害他人利益和社会利益的前提下追求自身的利益。在职业活动中诚实劳动，真诚坦荡、不自欺、不欺人，勤劳致富，合法经营，讲信用、重信誉，以信立业，善意行使权利和履行义务，注重职业行为的可预测性，使自己的职业表现与社会的职业期望相符合，既忠实自己也忠实于职业服务对象，使社会其他成员对职业人及其职业产生信任感。如果缺

---

① 参见邱吉：《培育职业精神的哲学思考——从职业规范的视角看职业伦理》，《中国人民大学学报》，2012(2)。

② 转引自龚群：《中国传统社会的职业及其伦理》，《孔子研究》，2001(6)。

③ 张育民：《市场经济条件下职业诚信的失范与重塑》，《特区经济》，2010(7)。

乏诚信,被破坏的不仅仅是职业者个人的名誉,而且是公众对一个职业组织乃至整个行业公信力的丧失。在加强职业诚信方面,当前,我们还应该以重点职业领域为突破口,大力推进诚信体系建设,加强政务诚信、商务诚信和司法公信建设,强化对失信者的制约,依法打击制售假冒伪劣、有毒有害食品药品的不法行为,形成不敢失信、不能失信、不想失信的惩戒防范机制。

三要培育服务观念。从某种意义上说,职业行为的本质就是服务,任何职业都承担着服务的功能,一种职业就是在服务他人、服务社会的过程中体现其社会价值。如果一种职业缺失了服务内容,那么这项职业就会被社会所淘汰,就会消失。随着经济社会的发展和社会分工的深化,现代人们日益生活在一个相互依赖和相互服务的社会群体中,离开了他人提供的职业服务我们就无法生存、生活。可以说,人们生存在一个由人类相互提供的职业服务所支撑的世界中。所以,必须把为人民服务作为各行各业的主导价值目标,每个从业者个体不管其从事什么职业都必须重视培育服务意识,发挥职业的服务功能,在全社会形成人人都是服务者、人人也都是服务对象的思想共识。使每个职业、每位职业人在服务社会、服务公众的同时为社会提供现代人生存的各种条件,使全社会的职业劳动者之间通过相互服务来谋求共同的利益和幸福。培育职业服务观念,要求职业人员必须尊重他们的工作对象,以工作对象的利益为出发点,强化服务意识、端正服务态度,改进服务质量,热情积极做好服务工作,为他人提供便利。当然现阶段,由于社会分工的不同、所有制性质的不同,不同的职业、不同的工作岗位担负着不同的社会责任、不同的从业人员其思想境界也不同,这就要求我们在坚持为人民服务的价值导向时,还要针对不同的职业人群实事求是地提出不同的服务标准和行为要求,促使人们在服务他人与社会的过程中,逐步实现自我价值的提升。近年来出现的所谓"精致的利己主义者",这种人有着精致的利益考量,他们对待工作和事业以对自己有没有收益和好处为原则和标准,不是从人民利益出发、不是为他人着想,这样的职业行为必然会遭到社会的唾弃。

四要培育公道精神。罗尔斯在《正义论》中指出:"正义是社会制度的首要价值。"①他认为,公平正义是一种应当的价值取向,追求的是一种值得过的生活(无论是以个体或是以集体的方式生活)。人们在职业实践活动中,追求个人利益最大化往往成为其行为的动力,为避免个人利益相互损害,需要营造公正合理的职业交往环境。在职业实践活动中坚守公道精神,就是要求从业人员在职业活动中,正确对待职业的"责"、"权"、"利",要站在公正客观的立场上,公平合理,不偏不倚地对待每一位服务对象。中国传统商业道德中"货真价实"、"童叟无欺"就是秉持职业公道精神的生动体现。如果职场行为、职业品行离开了公道原则,职业的"责"、"权"、"利"就失去了统摄的灵魂,将会导致职业活动的混乱无序。毋庸讳言,当前各行各业都存在形形色色的不正之风,这些行业、职业不正之风说到底都是没有坚守职业的公道精神,职业公道精神的失缺,侵害了职业功能、损害了职业形象、扰乱了社会秩序。在拜金主义、实用主义、官僚主义、享乐主义仍然有着巨大市场的当下,弘扬职业公道精神,要求广大从业人员特别是拥有一定权力的人,要能经受得住权力、名利、金钱、美色等各种考验,始终做到不为权力所动、不为金钱所惑、不为美色所迷、不为私情所牵,在职业活动中一律按法律政策、按规章制度廉洁奉公、秉公办事。

---

① 罗尔斯:《正义论》,中国社会科学出版社 1989 年版,第 3 页。

第六章　培育与建构指向人的全面发展的现代职业文化

　　文化传播学派代表人物德国学者格雷布内尔与奥地利学者施密特在 20 世纪初叶提出了"文化圈理论"，该理论认为，世界上存在若干文化圈，如东亚文化圈、北美文化圈等，每个文化圈包含一定的物质文化和精神文化的共有成分，在各文化圈之间，也发生强度不等的相互作用，加之各文化圈的内部矛盾运动，各文化圈的范围如变形虫般伸缩异动。

　　根据施密特的文化圈理论，在职业文化培育、构建的实践形态中，学校、家庭、企业、社会都各具有其独特的作用，在职业文化的传承、革新中承担着不同的功能。从文化的角度来看，学校、家庭、企业、社会由于在社会结构中所处的位置不同，扮演着不同的角色，因而具有不同的价值观念、制度形式和运行规则，对职业文化的生成和个体职业品格的形成发挥着不同的作用。因此，从文化形态的视角，对学校、企业、家庭和社会在职业文化建设中所承担的功能作详细的剖析将有助于我们凝聚各方合力、整体推进职业文化建设。

一、学校文化建设:培育现代职业文化的基础

(一)加强职业文化教育是当代教育的深情呼唤

从个体角度来看,面对社会转型期价值观念的多元化,物质生活逐渐富裕、体验式学习机会的减少,多元文化的进一步融合,多种价值观相互矛盾、交织和冲突在我们的教育对象的个体身上显得更加突出,他们迫切需要通过教育树立正确的职业价值观和良好的职业素养。是否具有正确的职业价值观和良好的职业素养关系到学生能否拥有健全的人格、完善的个性、和谐的身心,能否做到"智商"与"情商"、做事与做人的有机统一。

从社会角度看,求职人员正确的价值观和良好的职业素养,已经成为用人单位招聘员工的首要考量。用人单位希望新员工能"迅速适应工作环境,进入角色,创造效益"等,而许多毕业生往往或因专业素养不扎实,或因不善交流、不懂礼仪、不讲诚信等隐性素养欠缺而与就业机会失之交臂。教育,包括普通教育、职业教育和高等教育,都应该为学习者能够终身持续地学习各种知识、价值观、态度、能力和技能创造条件。法国教育家朗格朗在《终身教育引论》中提出,"教育应使每个人都能找到自己的发展道路,使人能够适应各种变化,特别是经济和职业方面的变化,培养具有丰富个性的人,促进人的全面发展,使人能够充实和幸福地生活。"[1]加强学生职业生涯教育、提升学生职业能力与职业素养无论作为一种教育理念或者教育实践,理应成为教育特别是高等教育的重要组成部分。学校的任务不仅是向学生灌输知识、训练他们的生存技能,学校教育应成

---

[1]　朗格朗:《终身教育引论》,中国对外翻译出版公司 1985 年版,第 34 页。

为提升人的境界、丰富人的精神世界的一种方式。学校应该充分认识到职业文化教育对于培养完整的人和全面发展的职业人的意义和价值，把职业文化渗透、贯穿学校专业教育和人才培养的全过程。通过职业文化教育提高人才培养的综合质量，让不同个性、不同价值追求的毕业生在不同领域获得发挥才能的理想之所，让学生在完成学业后能够更好地走上职业岗位、融入社会，在职业实践活动中不断丰富自己、完善自己，实现人生理想和人生价值。

(二)着力构建职业文化育人体系

每一位学生走出校门后都要融入社会，从事一定的职业岗位，无论是专科生、本科生、硕士生还是博士生，因此，从一定意义上说，中国的高校无论是高职院校、本科院校还是"985"院校，都承担着培养高素质职业人才的任务。学生在高校接受职业文化熏陶所形成的精神动力，不仅会对他的学习产生影响，更会增进学生对职业的理解，促进其职业信念、职业精神、职业态度、职业行为方式的进步与优化，并自觉按照社会规则、职业规则拓展自己、完善自我，对他将来从事的职业活动产生积极影响。[1] 学校应该充分认识到职业文化教育对于培养完整的人和全面发展的职业人的意义和价值，重视校园职业文化建设，把职业文化教育渗透、贯穿学校专业教育的全程。

一是打造职业文化环境体系。要让学生在校园环境中体验真实的职业文化氛围。加强实验实训基地建设、加大校内实验实训设施投入，校内实验实训基地应按企业生产要求的工作流程、质量标准、工作制度等严格操作。精心设计校园景观，结合学校办学特色，在校园内设立职业典型人物雕像，如师范院校可以设立孔子塑像、建筑院校可以设立鲁班塑像等，校园内建筑、人文景观等命名也可

---

[1]　汪文首:《高校校园职业文化特征分析》,《湖南社会科学》,2010(6)。

结合行业、职业的特色。可以结合学校办学历史和办学特色,建设校史馆、行业文化博物馆、举办职业特色鲜明的主题展览等,发挥行业、职业文化的育人作用。通过校内广播电视、校园网、宣传橱窗经常性介绍行业发展信息、职业岗位人才需求和职场成功人士事迹,充分利用手机、网络等新媒体平台扩大职业文化的传播途径。

二是创新职业文化活动体系。将职业文化融入校园文化建设中,通过开展丰富多彩的校园文化活动提升学生职业技能、培养职业综合素质;邀请成功职业人士进校开展报告讲座,用他们成功的经验和丰富的职业人生经历现身说法教育学生,用他们的职业情感、人格魅力直接影响学生,让学生感受到职业精神的氛围和魅力。要加强大学生创业教育,通过举办创业设计大赛、职业经理人论坛、提供校内创业场地资源、出台扶持学生创业的优惠政策等,鼓励学生开展在校创业。借鉴职业管理模式创新学生管理,根据不同专业学生的特点,在学生管理制度、学生行为规范、学生活动中借鉴优秀的行业文化、企业管理理念、职业资格标准、职业岗位要求等,让学生在校期间以一个准职业人的标准来要求自己,强化学生对职业文化的体验和良好的职业意识、职业习惯的培养。

三是构建专业教学渗透体系。教学是人才培养的主要手段,课堂教学是学生获取知识、提升能力的主渠道,是学校文化育人的主阵地,课堂教学质量对人才培养质量具有决定性作用。必须大力推进教育教学创新,把"职业性"特征融入高校人才培养目标中,将职业意识、敬业精神、职业理想、职业人格、职业道德的培育和养成落实在专业教学的各个环节。一要优化课程设置和教学内容。阿姆斯特朗认为:"'课程'这一术语自始至终将会被当做为了促进学生知识、技能和洞察力的发展而进行的决策过程。"[①]要根据当代科学技术发展和社会发展对智能型、技能型、复合型人才的需要,优化专

---

① [美]大卫·阿姆斯特朗著:《当代课程论》,陈晓端主译,中国轻工业出版社 2007 年版,第 4 页。

业课程体系,在课程体系和教学内容建设上更加注重实践、培育特色。既要使学生打好专业知识基础,又要及时引入企业新技术、新工艺,使学生掌握最新的专业技术成果。要注重发挥行业、企业在课程建设中的参谋和指导作用,与行业、企业共同制订专业人才培养方案,建立相对稳定与动态更新相结合的新型课程教学体系与教学大纲,校企合作共同开发专业课程和教学资源,努力实现专业课程内容与职业标准无缝对接;教学过程与生产过程无缝对接;学历证书与职业资格证书无缝对接。使学生尽早地理解自己将来所从事的工作对社会的重大意义,以培养学生的职业习惯、职业情感和职业道德感,提高职业荣誉感和职业忠诚度,激发其工作的主动性和创造性。二要改革教学方式方法。教学效果的好坏在很大程度上取决于教学方法是否适当,要改进以课堂为中心、以教师为中心、以教材为中心的传统教学方式,积极试行多学期、分段式等灵活多样的教学组织形式,将学校的教学过程和企业的生产过程紧密结合,校企共同完成教学任务,突出人才培养的针对性、灵活性和开放性。① 探索基于问题、基于工作项目、基于案例的教学模式,推进探究式、讨论式、参与式、情境式教学,把唤醒学生的主体性、发展学生的创造性、完善学生的个性与发展学生职业认知的悟性、职业技能习得的协调性、职业素养的创生性有机结合起来,帮助学生学会学习、学会思考、学会操作、学会创造,使教学过程成为引导学生运用所学知识与技能发现问题、分析问题、解决问题,完成相应岗位任务,内化和固化职业技能,完善职业素养的过程,增强学生对职业知识的理解与职业能力的达成,以及培养个体在未来的职业组织中所需要的合作精神。

四是拓展社会实践体验体系。实践育人是教学工作的核心环节,是学生了解社会、熟悉岗位、获取知识、培养能力、提高素质的重

---

① 教育部关于推进高等职业教育改革创新引领职业教育科学发展的若干意见[Z].2011-8-31。

要途径。由于受应试教育的影响，当下，体验学习、实践教育在我国大中小学校仍是一个薄弱环节。20世纪80年代，美国人大卫·库伯提出了"体验式学习圈"理论，他认为有效的学习应从具体体验开始，进而反思观察，然后进行抽象概括，最后付诸行动，将理论应用于实践。体验式学习有别于传统教育中学生被动地"学"，倡导学习者去"做"去"感受"。在"做"和深切地"感受"中掌握技能，养成行为习惯，乃至形成某些情感、态度、观念。小学、幼儿园可以组织少年儿童参加职业体验馆，帮助孩子去认识和体验各种各样的职业，可以组织模仿成人职业的各种游戏，如扮演医生、警察、消防战士、教师、厨师等各种职业，让孩子们得到对这个职业的认知。中学应组织学生开展以职业体验为重点的参观工厂企业、走访身边劳动模范、先进典型、职业角色体验等社会实践活动，使学生近距离感受职业。在实践中体悟和感受不同行业的要求和特点，培养职业兴趣、树立正确的职业观。高校和职业学校应加强实践教学环节，强化教学过程的实践性、开放性、行业性和职业性。整合校外企事业单位组织资源，为学生提供职业岗位与实践机会，帮助学生熟悉职业任务，了解职业环境以及职场规则、在实际操作中提高职业技能和获得直观的职业实践经验，提高自身运用理论知识解决实际问题的能力。在实践教学中，不仅要注重专项职业技能的训练，更要注重职业习惯、职业态度、职业情感的培养。让学生在实践锻炼中认识自我、了解职业规范，培养职业习惯、磨炼职业意志、形成职业意识。在了解熟悉职场的基础上，进一步明确自己的职业发展目标、调整职业规划、提升职业素质与能力，为进入职场做好充分准备。

五是完善职业生涯教育课程体系。当前，我国高校职业生涯教育课程内容体系设计不够科学准确，对学科理论、知识点的选择、课程内容的组织还存在诸多不足，课程内容偏重就业政策的分析、面试技巧、简历制作、心理调适等相关技能的训练，对新兴行业与职业的发展趋势分析、职业伦理规范、职业价值观教育等内容偏少。目前,高校毕业生在次级社会中获得职业社会与职业组织规律的认识、适应职业角色、完成职业化的过程,基本上仍然是依靠个人经验来完成的;未来数十年的职业生涯的发展,也基本上是个人经验的积累过程,缺乏相应理论体系的指导,缺乏理性认识与思考社会中种种职业现象与职业文化的能力。① 高校职业生涯教育课程不仅是帮助学生顺利找到适合自己的工作,更重要的是唤醒大学生职业意识,明确自身职业理想,坚定职业信仰,提高自身职业素养,为未来成为和谐、完满的现代职业人奠定基础。只有建设相应的职业生涯教育学科体系,帮助学生掌握关于职业文化的知识体系,向学生提供一种认识与解释现代社会职业发展的理性思考方式而非经验性的知识技巧,才能充分实现高校职业生涯教育的基本职能。职业生涯教育包含了广泛的研究内容,劳动经济学、职业社会学、职业心理学、职业民俗学、职业道德、职业仪范与公共关系、人力资源管理、就业与劳动政策及职业信息管理等一系列学科的成果与方法,围绕职业文化这一内容,都可纳入职业生涯教育这一学科之中。②

当前,高校职业生涯教育应该突出"以'知'为基础的职业认知教育、以'情'为动因的职业伦理和社会责任感教育、以'意'为重点的职业理想与职业价值观教育、以'行'为关键的职业规划与职业体验教育"。具体包括:②(1)与职业相关的概念:包括产业与行业的基本知识以及企业与公司的基本知识。(2)有关职业的基本知识:包括职业的产生与发展历史、职业的分类、职业的特征与功能以及职业的发展趋势。(3)职业伦理与法规:包括职业民俗习惯、职业道德、职业规范、职业法律法规等内容。爱因斯坦曾指出,"用专业知识教育人是不够的。通过专业教育,他可以成为一种有用的机器但是不能成为一个和谐发展的人。要使学生对价值有所理解并且产

---

①② 李敏智:《从职业文化谈就业教育学科化》,《广西中医学院学报》,2008(3)。

② 参见孔夏萌:《高校职业生涯教育课程研究》,西南大学 2013 博士学位论文。

生热烈的感情,那是最基本的。他必须获得对美和道德上的善有鲜明的辨别力。否则,他——连同他的专业知识——就更像一只受过很好训练的狗,而不像一个和谐发展的人。"①(4)自我认知与规划:了解自己的职业兴趣、职业人格、职业能力等,知道自己对什么职业感兴趣、适合做什么以及能够做什么,使自己更清楚地了解自己与他人在职业发展上的差异,逐步形成适合本人特点的职业价值取向,在职业选择上扬长补短,对自己的职业发展做出清晰的规划。(5)职业价值观:大学生职业生涯教育课程应注重对大学生职业理想、职业价值观的引导,通过教育和引导,帮助学生克服盲目的拜金主义、享乐主义和利己主义的不良倾向,引导大学生把个人理想与社会需要结合起来,把大学生的成才意识纳入到社会总体发展需要的轨道上,使大学生树立科学的世界观、人生观和正确的择业观。

六是强化职业发展教育服务体系。高校应成立职业发展教育服务指导机构和专业化师资队伍,以学生为本位,尊重差异性,为大学生提供更有针对性的职业发展个性化辅导。一是指导教师队伍的专业化。建设一支关爱学生、精通业务、熟悉市场、善于管理,有着强烈政治责任感、事业心和良好职业道德的工作队伍是高校改进大学生职业发展教育的重要环节。二是职业发展指导的全面化。包括:大学学习生涯规划指导,帮助大学生了解本专业的培养目标和就业面向,增强大学生专业学习的主动性、自觉性,自觉培养职业发展意识和职业发展能力;职业生涯规划指导,引导学生在全面分析自身特点和社会环境及未来发展的基础上制定职业生涯发展规划,有针对性地进行系统的职业技能训练和职业素质培养,为实现自己的职业理想而努力;创业教育指导,对立志创业的学生,通过帮助他们确立项目、审查创业计划书、解读大学生创业政策、对创业的

---

① 爱因斯坦著:《爱因斯坦文集》,许良英、范岱年编译,商务印书馆 1979 年版,第 310 页。

可行性和风险做出评估,帮助他们提高创业能力、增强创业信心,鼓励他们努力实现创业目标。

二、企业文化重塑:构建现代职业文化的核心

现代社会是一个组织起来的社会,每个人都生活在一定的组织中。在现代社会人的生涯发展过程中,作为职业人、组织人占其生命大部分时间,人的一生中最有价值的光阴都是在组织中度过的,因而其职业意识、职业能力、职业精神、职业行为也是在组织中得到发展、提升的。作为追求特定目标,通过分工与协作实现最大效率人力资源配置的企业是社会的基本单元,现代企业已成为"企业公民"。职业文化要真正渗透、内化为个体职业素质也必须借助企业这个中介和桥梁。这是因为,"在经济现代化过程中,企业的功效是至关重要的,它作为一个社会的经济细胞,是大多数国民的工作和生活场所。如果企业能充分发挥其教育、引导功能,整个社会的文化和文明程度就会极大提高。"[1]

一个优秀的企业,不仅要创造经济价值、增加企业利润,实现股东利益的最大化,更需要在充分尊重员工尊严和权利的基础上,把人们内心的追求引发出来,让员工和企业结成"命运共同体",使职业生涯过程既成为提升人的价值、实现人的价值的过程,又成为为企业、为社会做出贡献的过程,实现物质和精神的双重幸福。兰德公司对世界 500 家大公司跟踪研究发现,其中 100 年不衰的企业有一个显著共同特点是:他们不再以追求利润为唯一的目标,有超越利润的社会目标。这些企业行为都符合以下三条原则:[2]

一是人的价值高于物的价值。卓越的企业总是把人的价值放

---

① 陈荣耀:《企业伦理》,华东师范大学出版社 2001 年版,第 13 页。
② 参见何光辉:《职业伦理教育有效模式研究》,华东师范大学 2007 年博士论文。

在首位。日本松下公司的老板告诫自己的员工:如果有人问"你们松下公司是生产什么的?"你应当这样回答他:"我们松下公司首先制造人才,兼而生产电器"。二是共同价值高于个人价值。共同的协作高于独立单干,集体高于个人。卓越企业所倡导的团队文化,其本意就是倡导一种共同价值高于个人价值的企业价值观。1998年诺贝尔经济学奖得主、剑桥大学印裔美籍经济学家阿马蒂亚·森说:"一个基于个人利益增进而缺乏合作价值观的社会,在文化意义上是没有吸引力的,这样的社会在经济上也是缺乏效率的,以各种形式出现的狭隘的个人利益增进,不会对我们的福利增加产生好处。"他的这段话实际上论证了个体价值和共同价值之间的关系,共同价值是个体价值得以实现的保证。三是社会价值高于利润价值,用户价值高于生产价值。印度尼西亚桑巴蒂航空公司承诺:该公司的飞机每延误一分钟,即向旅客返还 1000 印尼盾。新加坡奥迪(Audi)公司承诺:如果顾客购买汽车一年之内不满意,可以按原价退款。亚太地区的 40 家希尔顿饭店做出承诺:如果没有按规定的条件提供食宿服务,饭店照原价退款。卓越的公司总是把顾客满意原则作为企业价值观不可或缺的内容。

(一)强化企业社会责任

现代企业社会责任理论认为:社会是企业的依托,企业是社会的细胞。企业发展利用了社会提供的资源、经营环境、市场条件,就有义务与责任反哺、回报社会,承担社会责任。① 企业社会责任是指企业作为企业公民在社会经济生活中必须承担的社会责任,企业在创造利润、对股东利益负责的同时,还要承担对消费者、对员工、对社会、对自然的社会责任,包括遵守法律法规、诚信经营、遵守商业道德、确保产品质量和安全、保护劳动者的人身安全和合法权益、

---

① 何岫芳:《食品企业社会责任建设路径》,《光明日报》,2014 年 10 月 4 日第 6 版。

保护环境、支持社会公益等等。目前,企业公民已经成为国际上通行的表达企业社会责任的新术语,"企业公民是指一个公司将社会基本价值与日常商业实践、运作和政策相整合的行为方式。一个企业公民认为公司的成功与社会的健康和福利密切相关,因此,它会全面考虑公司对所有利益相关人的影响,包括雇员、客户、社区、供应商和自然环境。"①企业通过履行社会责任,不仅能在企业内部营造良好的氛围环境,对从业人员产生积极影响,增强了员工对企业、对职业的归属感、正义感和荣誉感。而且还会辐射到整个行业和社会,在自身树立良好"企业公民"形象的同时,也促进了社会文化的发展和进步。

(二)体现企业人文关怀

企业文化的本质特征是以人为本。在企业文化建设中以人为本的人不仅指企业内部的人——股东、企业员工,还包括企业外部的人——消费者。一方面,坚持以人为本,要处理好企业发展与促进职工发展的关系。必须把人的价值放在首位,树立企业发展依靠职工、企业发展为了职工的思想,尊重人,关心人,激励人,提升人,最大限度地满足人的生存和发展需要,在经营管理中凸显人性和人文关怀,实现人的全面和谐发展。当前,有些企业特别是民营中小企业在发展中片面追求经济利润,长期忽视企业文化建设,忽视劳动保障和安全生产,漠视劳动者的基本权利,不关心职工的身心健康和承受能力,造成了劳动关系紧张。因此,必须将企业的发展与维护职工的合法权益相协调。随着企业的发展,通过改善劳动者的劳动环境、提高劳动者的工资待遇和其他福利、满足劳动者的各种需求,坚决杜绝恶意拖欠、克扣工资等不良行为。要通过内化于心、固化于制、外化于行等工作,把先进的价值理念转化为广大职工的

---

① Archie B. Carroll. The Four faces of Corporate Citizenship[J]. Business and Society R eview,1998. p101.

思想认识和自觉行为,丰富员工的精神文化生活,引导员工树立爱岗敬业、恪尽职守、多做贡献的自觉意识,从而提升企业管理水平,增强企业的向心力、凝聚力,与劳动者共同营造"企业命运共同体"。另一方面,追求生活质量的不断提高已成为现代社会发展的大趋势,它对企业的经营活动提出了全新的要求,那就是企业为消费者提供的产品或服务不仅要考虑产品的可用性与耐用性,还要考虑到消费者的经济承受力、审美需求与心理需求以及产品的售前、售中与售后服务。所以基于对消费者的社会责任,企业文化构建中要特别强调品质文化与服务文化,及时、准确、主动地捕捉与引导消费者的新需求。[1]

(三)加强员工培养培训

就个人而言,随着知识经济的快速发展,工业生产技术知识的半衰期已经缩短到 10 年,电子科技知识的半衰期不超过 5 年,人类知识总量 5—7 年翻一番。[2] 没有一种知识或技术可以终身受用,学习不再是人生某个阶段的事情,而成为人们的终身任务。职业培训的重要性还在于,人的职业发展具有阶段性的特点。人的职业阶段一般分为职业探索期、职业适应期、职业创新期和职业维持期四个阶段。[3] 不论是处于职业探索期还是职业维持期,不论是职场不如意者还是职场得意者,他们都希望能得到职业知识和技能的继续培训和提高。只有在职业岗位上坚持终身学习、经常培训,不断更新知识、拓展视野、提高技能,才能跟上科技进步和职业发展的要求,才能适应知识经济时代下未来职业对劳动者素质的要求,才能适应专业化分工与协作基础上的公平竞争、优胜劣汰的市场法则,在职场中从容应对,立于不败之地。

① 周勇:《社会责任:现代企业文化构建的伦理基础》,《企业经济》,2013(11)。
② 廖泉文主编:《人力资源发展系统》,山东人民出版社 2000 年版,第 24—25 页。
③ 廖泉文主编:《人力资源发展系统》,山东人民出版社 2000 年版,第 18—20 页。

就组织而言,在知识经济时代,人力资源已经成为促进社会经济发展和国与国之间、组织与组织之间较量的核心因素。贝克尔认为"职业培训是企业最直接有效的人力资本投资。与其在生产中增加机械设备等方面的投资,不如通过职业培训的投资来提高劳动者的科学技术水平和能力。这是一种在发展生产中能取得最佳效果的最合理的投资。"[①]因此,职业培训应该成为企业发展中不可或缺的重要环节,企业要为职工个人职业生涯发展创造"贯穿一生"的培训条件。当前,企业组织人力资源管理已转向"生涯导向的人力资源管理"。生涯导向的人力资源管理与非生涯导向的人力资源管理的主要区别在于:[②]前者真正承认个人发展的合理性,而后者可能仅仅认识到人有自我实现的愿望,认识到人力资源的战略性价值;前者认识到个人发展与企业发展相辅相成,互为促进,是企业与员工的共同本位观,而后者单单强调企业发展,仍然是企业本位观;前者把员工发展纳入企业的日常管理中,员工的发展也是企业发展目标之一,而后者管理当局只有企业的发展计划而无员工的成长规划。企业在对员工的在职培训中,既要加强新知识、新技术的培训,提高员工职业能力,也要注重对员工职业道德、职业规范、职业精神的培训和职业生涯成长设计,提升员工综合职业素质,激发从业人员的内在潜力。要根据不同的员工所具有的特长和潜力,帮助其确定今后的职业成长规划与目标,引导员工把自己职业发展前途与企业命运融为一体。如果企业试图想通过一次招工,长期使用甚至终身使用而不注重给员工培训、充电的话,那么对企业而言只有两种结果,要么员工跳槽离开企业,要么这个企业离倒闭为期不远。

---

① 转引自谢缓:《对当前职业教育和培训工作的思考》,《中国培训》,2002(9)。
② 参见马士斌:《职业维度的生涯历程研究》,华东师范大学 2005 年博士学位论文。

三、家庭文化培植：现代职业文化培育的起点

家庭作为社会的细胞，不仅具有生育繁衍、社会生产消费的功能，还具有文化传承的功能。家庭是个体社会化的重要场所，是个体接受教育的起点，父母是孩子最早的启蒙教师和生活伙伴。尽管在现代社会中家庭的许多社会化功能已被学校、同辈群体和大众传媒等家庭以外的社会化机构所代替，但家庭组织以其启蒙性、个别性和终身性的特点，依然是人们获得个性并学习社会规范、生活技能的重要场所，对个体价值观的形成和发展、完善起着基础的定型化作用。新加坡前总理吴作栋指出："我们通过家庭来传授价值观、培育年轻人、建立自信以及相互支持。学校可以传授道德观、儒家思想或宗教教育，但是，学校的教师不能替代父母或祖父母，来作为孩子最重要的模范"。①

从职业文化建设的角度而言，家庭对青少年职业意向的影响无论在生理上还是心理上都是十分重要的，人们最初对职业的认识和理解往往是从父母、从家庭开始的。父母、家庭长辈们的职业价值取向、职业行为以及家庭职业教育传统和家庭职业伦理教育氛围等都会对孩子今后的职业价值观的形成、职业选择、职业行为习惯的养成等产生明显影响。如果家长对待自己的职业、工作认真负责、兢兢业业，并善于运用自己的模范言行教育孩子、影响孩子，使家庭成为陶冶儿童职业道德品质的最早、最好的熔炉，则会起到明显成效甚至影响终身。因此从某种意义上说，家庭教育的深刻性要超过学校教育和社会教育。在这个意义上有人曾说："一个好母亲胜过100个好老师"。因此，家庭也是职业文化建设的重要场所。

---

① 转引自吕元礼：《新加坡"家庭为根"的共同价值观分析》，《东南亚纵横》，2002(6)，第15页。

（一）发挥家庭在职业生涯教育中的作用

家庭职业教育是家庭成员普遍持有的或是家庭中父母双方共同认同的关于对子女进行职业教育的思想、观点，一般通过父母、长辈与子女的交流、沟通和训诫中表现出来。其主要内涵有：第一，家庭职业教育的主要职能是培养孩子健康的职业人格，职业价值观教育是家庭教育的重要内容；第二，职业生涯教育关乎一个人的一生，家长有责任和义务配合学校对子女进行职业生涯教育，帮助子女树立职业理想与目标，有目的地成长发展；第三，家庭职业生涯教育主要通过家长跟子女的交流、沟通、训导、行为示范及家庭成员之间日常生活互动来进行的。

由于中国家庭普遍缺乏对子女进行职业生涯教育的意识和理念，因此在家庭文化建设中，要强化职业生涯教育的理念。当前在家庭职业生涯教育中应突出以下内容。

1. 人生态度教育

让子女初步了解人生的意义，唤醒孩子的人生理想和内在激情。要引导孩子以积极乐观、蓬勃向上的态度面对学习、面对生活中碰到的困难。要让孩子知道，人生不可能一帆风顺，在人生的道路上会有鲜花和掌声，也可能会遇到困难和挫折。社会上的成功人士，都是以积极的人生态度应对困难，并战胜了困难以后才取得今天的成就，勇于挑战困难是每一位职业成功人士必须具备的心理素质。要让孩子学会自我审视和自我调整，引导孩子时常审视检查自己身上的缺点，而不是在面对失误或挫折时习惯性地抱怨客观原因。要善于发现孩子的优点和特长，引导其扬长避短，趋利避害。在子女遇到挫折时应多从正面鼓励，帮助其树立学习、生活、工作的自信心，保持良好的心态，以乐观的态度面对生活的每一天。

2. 知识能力的价值

知识改变命运，能力成就事业。家长要告诉孩子知识、能力与幸福生活、美好未来的关系,鼓励孩子主动学习,不断增长知识和能力。对自己未来可能从事职业的有关专业知识和技能要力求学深学透,并懂得如何运用到实际工作中;要扩大知识面,要广泛涉猎人文社科类、科学技术类等不同学科的知识,注意学科知识的互补,努力增强知识的厚度。注重培养子女的环境适应能力、人际交往能力、团结协作能力和组织管理能力,加强情商教育,引导孩子学会管理自己的情绪。

3.劳动的价值意义

劳动创造了人,也创造了社会。"劳动是人类通往幸福的唯一道路,自古以来都是如此。那些最有毅力的人、最真诚工作的人,通常就是最成功的人。"[1]让子女认识劳动对个人、家庭和社会的意义,树立劳动光荣、创造伟大的观念。让孩子从小培养爱劳动的习惯,家长千万不能因只关注孩子学习成绩而包揽孩子日常生活中的一切家务事务,要从小培养孩子的生活自理能力。建立家务劳动包干责任制,鼓励孩子在家里做一些适合自身年龄的家务,要教育孩子自己的事情自己完成。

4.职业理想引导

作为家长有责任和义务对孩子进行早期生涯教育,引导孩子从小树立职业志向。要通过带孩子参加各种体验性职业实践活动,增加孩子对不同职业的认识和了解。引导孩子确立未来的职业理想和目标,要清楚自己究竟想要什么、想做什么。哈佛大学曾对其毕业生做过一项长达 25 年的跟踪调查,结果显示,在所有调查对象中,只有 3% 当初有清晰且长期目标的人才能成为社会各界顶尖的成功人士,而 60% 当初目标模糊的人尽管毕业于哈佛但仍则生活在社会的中下层。因此,职业目标越清晰越有助于今后取得事业成功。

243

---

① 塞缪尔·斯迈尔斯著:《品德的力量》,夏芒译,海峡文艺出版社 2004 年版,第 65 页。

5.诚信品质

在家庭日常教育中,家长应注重从小培养孩子的诚信品质,从大处着眼、小处着手,从不说谎、不抄袭作业、考试不作弊等最基本的日常行为规范和道德要求做起,循循善诱,春风化雨,持之以恒。家长要引导孩子在学习、生活中诚实待人,言行一致,守时守信,承诺的事情一定要做到,遇到问题要勇于承担自己的责任,做到知错就改。在对孩子进行诚信教育的过程中,家长应带头讲诚信,要求孩子做到的自己首先要做到,以自己的诚信言行感染、引导孩子树立良好的诚信品质。

6.责任意识

人生中无时无处不面对责任,一个人只有忠实地履行他对社会、对他人、对家庭、对自己的责任,人生才会赢得成功。家长应从小培养子女的责任意识,首先是要对自己负责,要引导孩子树立"我选择我负责"的思想,人必须对自己的选择承担责任,要跟孩子强调自己的未来必须是要经过自己的努力才能得到。其次是要对社会负责,家长可以通过讲述在各自工作岗位上表现出强烈责任意识并为社会所颂扬的先进典型等方式培养孩子在未来职业生涯进程中的责任意识。

7.就业指导

在家庭日常教育中,家长要与子女多沟通,了解他们的职业价值取向,当子女的职业价值取向出现偏差时,家长要通过循循善诱的方式加以引导。当子女在面对高考专业选择时,家长应该帮助子女客观地分析自身条件,进而分析相关专业的学习要求及日后的就业方向。家长可以指导子女通过"霍兰德职业兴趣测试"等职业测评工具,帮助孩子了解自己的职业兴趣、性格特征和能力特征等相关要素,并将自我发展与社会发展结合起来,力求做出合理的职业选择,从而为子女顺利地找到适合自己的工作提供帮助。

(二)营造良好的家庭职业文化环境

家庭职业文化环境是指父母的职业、地位、家庭结构、家庭经济状况、居所条件等。父母的职业生活方式会长期熏陶子女,影响其后对个人生涯的规划与选择。职业社会学的理论与实践告诉我们,父母的职业、地位不但影响子女的职业意向,而且对子女的职业伦理的养成也是具有一定作用的,所谓"将门虎子"、"世家风范"说的就是这个道理。在日常生活中,我们都有这样的感觉,不同职业背景的家庭其文化也是大异其趣的,教师的家庭他们平常在家庭中讨论、闲谈的话题多与教育、与考试、与学生有关;公务员的家庭他们平常在家庭中交谈的多与官员职务升迁、地方政府作为、行政领导言行等有关;商人的家庭谈论的多与市场投资、经济政策、买卖交易等有关。学者的家庭书香缕缕,其成员在职业上比较从容、严谨;而商人家庭往往豪华气派、生活节奏明快,其成员为人处事大都精明利落、讲究效率。

家庭职业文化是现代社会职业文化的重要组成部分。"家庭不仅是人类文化最早的生成地带,而且是人类整个社会文化的发源地。社会文化是人类文化的整体,家庭文化是人类文化的个体;社会文化体现的是一个国家、一个民族的共性,家庭文化体现的是一个社会文化的个性"。① 一个人的成长与他所生活的环境密不可分,良好的家庭文化氛围,可以使孩子接受良好的文化教养,塑造个体鲜明的气质特性、理想信念、人生态度、道德品质和行为习惯,使其受益无穷。

第一,营造良好的家庭民主氛围。家庭成员内部要建立亲密、宽松、民主平等的人际关系,家庭成员之间应当平等相处,互相尊重和信任,遇事能够多商量、多沟通,相互体谅、相互帮助,共同遵守家

---

① 吴圣刚:《论当代家庭文化》,《商丘师范学院学报》,2003(2)。

庭美德和家庭规范。在家庭中不搞封建家长式的专制,鼓励孩子提出不同的意见。孩子有了良好的行为表现,父母应及时给予鼓励和表扬。

第二,营造良好的家庭文化氛围。有人对 1943 年到 1960 年期间 88 位诺贝尔奖获得者作过调查,其中 68 位的父母职业是知识分子,占 58%,是政府官员和工商资本家的共占 28%。其中在 29 位生理学和医学奖获得者中,父亲是生理学者或医生的竟有 9 人之多,占 31%。[①] 由此可见,家庭文化背景和父母的行为习惯对子女而言具有极强的模仿、示范作用,家长对待职业的态度及其工作状态也会影响孩子的职业价值观和今后的职业行为。如果父母在家经常看书学习,一定会给孩子在潜意识中种下热爱科学、热爱学习的种子,养成探索未知、主动学习的习惯。因此,文明健康、积极向上的家庭日常行为是培养子女形成正确的职业意识、职业态度、职业情感不可或缺的重要条件。家长应自觉选择健康的、有意义的交往活动及其适当的交往方式,不召集朋友在家设酒局、牌局;不带子女参加不适合孩子年龄、阅历的社交活动,避免自己复杂的成人世界给孩子职业价值观的形成和发展带来负面影响。

第三,营造良好的家庭情感氛围。良好的情感心理氛围,是家庭精神生活的主旋律。家长要注重引导、匡正以及完善个体的认知、情感、意志等心理过程,营造温馨和谐、互敬互爱、同享欢乐、共分忧愁的家庭心理情感氛围,让孩子感受到家庭的安全、快乐、温暖、幸福,增进孩子的安全感、归属感和自信心,形成相对稳定的心理特性与行为方式。在这样家庭中成长的孩子因而情绪开朗,性格活泼,主动热情,形成积极乐观的人格特征,为今后走向成功职业人生奠基良好的基础。

第四,营造良好的家庭道德氛围。俗话说"三岁看老",家庭作

---

① 厦门市集美区妇联:《在赞美与鼓励中进行教育》。http://www.women.org.cn/llnews/0801/409.html(2008-3-5).

为儿童出生后的第一所学校,如果从小能接受正确道德氛围的熏陶,养成良好的道德行为习惯,长大后就会有良好的个人修养与道德情操。一方面,家庭成员要以自己的实际行动模范遵守尊老爱幼、勤俭持家、热爱劳动、忠于职业、遵纪守法等道德规范要求,认真对待自己的职业,在工作中不马虎、不敷衍。另一方面,家长要有鲜明的道德价值取向,让孩子明确地知道自己坚决支持什么、反对什么、尊重什么、关注什么。父母要懂得培养孩子良好的判断力的重要性,对孩子的无礼言行绝不宽容、迁就,通过说理、提示、训诫等告诉孩子正确的行为选择,培养孩子良好的行为习惯。

四、社会文化整合:优化现代职业文化的关键

(一)大众传媒:促进职业文化传播的外部条件

"无论哪个时代,舆论总是一支巨大的力量,尤其在我们时代是如此,因为主观自由这一原则已获得了这种重要性和意义。现实应使有效的东西,不再是通过权力,也很少是通过习俗和风尚,而是通过判断和理由,才成为有效的。"[①]

从 18 世纪末开始,越来越多的思想家把大众媒介的职能或性质定位在"社会舆论的机关"上。马克思曾形象地将报纸比作是社会舆论的流通纸币。美国政治学家科恩说:"报纸或许不能直接告诉读者怎样去想,却可以告诉读者想些什么",[②]直截了当地指出了大众媒介通过议程设置来控制舆论导向的重要功能。现代媒体特别是新媒体在舆论的传播与引导上的作用表现更加淋漓尽致。利

---

① [德]黑格尔:《法哲学原理》,商务印书馆 1961 年版,第 332 页。
② [美]赛弗林·坦卡特:《传播学的起源、研究与应用》,福建人民出版社 1985 年版,第262 页。

用大众媒体营造良好的社会舆论氛围,是现代职业文化建设的重要内容。

1. 倡导主流价值观念,发挥典型人物与事件的导向作用

社会典型是一个社会的社会思想、社会规范、社会价值观念、社会道德准则的浓缩,体现着这个时代的时代精神和理想追求。宣传一个典型,可以塑造一种信仰,达到文化认同和价值认同。列宁非常重视通过在报刊上宣传好的劳动公社的典型来带动其他公社,他认为,"这样我们就能够而且一定会使榜样的力量在新的苏维埃俄国成为首先是道义上的、其次是强制推行的劳动组织的范例。"①大力发掘、宣传忠于职守、爱岗敬业的职业典型人物(群体)、以人为本、诚实守信的先进典型企业,发挥先进典型的示范作用、引领作用,引导人们见贤思齐,是推动当代中国职业文化建设的重要方法。

在人们的价值取向多元、信息传播渠道多样和泛娱乐化的今天,先进典型的宣传手法也需要随着时代的发展而变化:一要转变观念。自新世纪以来,大众媒体由于受过分追求收听率、收视率、点击率的影响,媒体往往将舆论报道注意力更多地转向社会热点、深度调查和娱乐八卦等,模范人物特别是劳动模范在媒体宣传报道中显现出被"边缘化"的尴尬,数量明显减少,版面篇幅、播出时间也大幅缩减。因此媒体需要转变观念,树立社会先进典型、传递社会正能量既是大众媒体应有的社会责任,也是弘扬社会主义核心价值观、实现中华民族伟大复兴中国梦的时代要求。二要创新策略。要以平民化的视角进行宣传报道,不能将典型人物抽象化、模式化、概念化,使模范人物更加贴近受众生活。既持续宣传老模范的感人事迹,也及时宣扬新模范的高尚行为;既在全社会推出具有重大影响的爱岗敬业的典型人物,也在各地各行业和基层单位推出忠于职守、埋头苦干的身边典型;既宣传从业者个人自觉践行崇高的职业

---

① 《列宁全集》(第34卷),人民出版社1985年版,第136页。

精神、履行职业职责之举,也宣传优秀的企业、组织和单位自觉加强职业文化建设、塑造良好职业(企业)形象的先进经验和做法。三要善于利用新媒体。2013 年,中国拥有 6.18 亿网民,网络、手机成为普通民众获取资讯的重要渠道。因此,在职业先进典型人物的宣传时要借助网络、手机等新兴媒体,运用微博、微信、微视、微电影等传播手段,吸引"80 后"、"90 后"年轻人对先进人物的关注。发挥公益广告、影视作品引领文明风尚的作用,加强以"转变职业观念、践行职业道德、弘扬职业精神"为主题的公益广告选题规划和设计制作,创作弘扬职业精神、职业道德的影视剧、小说和戏曲等文艺作品,加大在各类媒体和公共场所的刊播力度,让人们在耳濡目染中感受现代职业文化和职业精神。在全社会确立起业业皆神圣、业业皆平等,劳动光荣、创造伟大,敬业光荣、不敬业可耻的舆论氛围。四要创新宣传报道话语体系。宣传报道能否被受众所接收,很大程度上取决于"话语"表达得是否合理、真切与妥帖。同样的宣传素材,采用不同的话语体系其效果会大相径庭。在对先进典型报道时要充分挖掘贴近生活、贴近实际、贴近群众的话语,及时汲取鲜活生动、时尚新潮的网络语言,增强话语体系与现实的契合性。

2.提供正确的舆论评价,增强职业文化自觉。

舆论是多数社会成员对比较重大的社会问题的意见和态度的表达,是社会群体意识的反映。要充分发挥大众传媒的舆论监督作用,营造有利于弘扬职业道德、建设职业文化的良好舆论环境。列宁在《苏维埃政权当前的任务》中说:"各社会主义政党要把那些不接受整顿自觉纪律和提高劳动生产效率的任何号召和要求的企业和村社登上黑榜,……公开报道这方面的情况,本身就是一个重大的改革,它能够吸引广大人民群众主动地参加解决这些与他们最有切身关系的问题。"①要发动群众参与,对职业领域中具有典型意义

---

① 《列宁全集》(第 34 卷),人民出版社 1985 年版,第 172 页。

的人和事展开讨论。一方面,对职业领域中存在的各种丑恶现象进行公开曝光、批判鞭挞,发动群众参与讨论评议,形成强大舆论压力,使违反职业规范、违背职业道德、触犯法律法规的行为成为"过街老鼠"。以反面典型为教材,警示人们守住做人做事的"底线"、敬畏法律"高压线",引导职业人员加强自我约束,增强职业文化自觉。另一方面,引导人们看到蕴涵在日常职业行为中的德性价值,发掘职业行为中闪光点,使人们更加直观地感受到这个职业的价值,促进人们的职业认同感。

(二)行业协会:促进职业文化建设的重要平台

随着现代社会科学技术的迅猛发展和社会分工的日益细化,职业发展的多样性、变动性、流动性趋势更加明显。现代社会已经形成了一个庞大的职业网络,法律和政府不可能为各行各业都制定出一套全面细致的行业规范,同时要对各行各业的从业行为进行监管也十分困难。因此,行业协会作为介于政府、企业之间,商品生产者与经营者之间,并为其服务、咨询、沟通、监督、公正、自律、协调的社会中介组织,必须充分发挥各种行业协会组织在推进行业文化、职业文化建设中的引领、规范、教育、监管作用。遗憾的是,当前有些行业协会缺乏从文化的高度来审视行业建设,缺乏以抓行业文化、职业文化为切入点推进整个行业建设,没有真正研究其行业需要何种行业文化支撑,职业美德应该如何体现,部分行业协会组织已经逐渐变成官僚机构,他们关注的是行业 GDP、行业集团利益以及行业协会机构自身的既得利益,而普遍缺乏提升行业信誉的责任感和对本行业产品和服务质量、竞争手段、经营作风等职业行为的引导、教育、监管。

在中国现代职业文化建设的过程中,行业组织应该而且可以发挥更大的作用。一是通过制定行业规则加强行业自律。行业规则是在对行业内各个企业的权利和利益进行协调、平衡的过程中,通过协商、谈判、妥协等方式,达成的一种内部共识,由行业内成员共同遵守。利用行业协会制定相应的行业章程(宣言)、职业规章、守则及职业礼仪、入职誓词等,进一步规范本行业内企事业组织和从业人员的职业行为。行业自律管理能够培养行业内各组织成员及广大从业人员的理性自律精神,协调行业内部之间、职业之间、行业职业与社会之间的利害关系,避免非理性的集体行动,促进利益和权利诉求的理性化和程序化,在行业内部形成一种自生自发的秩序——自律秩序,即一种"私序"。相对于国家制定法所建立的秩序而言,当国家制定法缺位或有局限时,行业规则所建立的"私序"就成为国家制定法所建立秩序的一种重要补充和替代。因此,行业协会通过自律功能实现了对经济秩序的自我调控,成为促进社会经济秩序建立的重要力量。[1] 二是加强对行业文化、职业文化评估体系建设。行业协会组织可以结合每个行业的特点制定相应的行业(职业)文化的评价指标,为所属企事业组织提供专业化、人性化、多元化、信息化的咨询、评估服务。根据指标对从业组织和个体的职业操守做出客观公正的评价,而这种客观的评价又可以作为社会评价职业组织的重要参考指标,同时,这些指标还可以对人们的职业文化观念进行指导和约束。[2]

---

① 吴碧林、眭鸿明:《行业协会的功能及其法治价值》,《江海学刊》,2007(6)。
② 参见王建强:《继承与发展——论我国现代职业文化建设》,《职业时空》,2007(2)。

(三)机制建设:促进职业文化发展的必要保障

1. 加强和完善职业教育培训体系,切实提高劳动者素质①

党的十八届三中全会提出了"构建劳动者终身职业培训体系"的改革部署。2013年6月,国务院召开全国职业教育工作会议,印发了《关于加快发展现代职业教育的决定》。会前,习近平总书记做出重要批示强调,职业教育是国民教育体系和人力资源开发的重要组成部分,是广大青年打开通往成功成才大门的重要途径,肩负着培养多样化人才、传承技术技能、促进就业创业的重要职责,必须高度重视、加快发展。李克强总理指出,职业教育大有可为,也应当大有作为。要求把提高职业技能和培养职业精神高度融合,用改革的办法把职业教育办好做大,加快培养高素质劳动者和技能人才,为推动经济发展和保持比较充分就业提供支撑。

一要增强改革意识,构建适应劳动者多样化、差异化需求的终身职业培训体系。一是健全制度。要以构建技工院校培训体系、用人单位培训体系、社会培训机构培训体系为重点,建立健全职业培训公共服务体系。要把职业培训纳入经济社会发展规划,在促进就业创业的整体工作中进行部署和推动,完善技能人才培养使用、考核评价、竞赛选拔、表彰激励制度,推动职业培训立法工作。二是完善政策。要及时调整完善培训重点、培训补贴、基础能力建设等方面的政策,进一步发挥就业政策对培训的引导作用,表彰奖励政策对培训的激励作用,技能鉴定政策对培训的促进作用。三是加大投入。要加大职业培训各项补贴资金的整合力度,逐步提高职业培训支出在就业专项资金中的比重,增强资金使用效益,充分发挥企业职工教育经费的作用。四是突出重点。要抓好农村转移劳动者、失业人员、高校毕业生、企业高技能人才等重点人群的培训,大力推行

① 参见尹蔚民:《加强职业教育培训、培养亿万高素质劳动者》,《光明日报》,2014年8月28日第7版。

订单式培训、定岗培训、定向培训等与就业紧密联系的培训方式,不断提高培训效果。要组织实施好农民工职业技能提升计划、高校毕业生技能就业专项行动等重点行动计划,带动职业培训工作全面开展。

二要增强创新意识,不断创新具有中国特色的技能人才培养模式。技能人才的成长有其自身规律,我们必须进一步解放思想,打破思维定式,坚持把就业作为基本导向,把服务经济发展作为根本宗旨,把提高劳动者技能水平作为直接目标,创新"校企双制、工学一体"的中国特色技能人才培养模式。一是深化校企合作办学。要遵循市场规律,完善校企合作的机制,形成互惠共赢的校企合作利益共同体,推动专业设置与市场需求、课程内容与职业标准、学习过程与工作过程相对接。二是加快推进一体化课程教学改革。大力推进一体化课程教学改革,以典型工作任务为载体,根据工作过程设计课程体系,根据工作规律和学习规律,融通理论知识和技能训练,实现"在工作中学习、在学习中工作",提升技能人才培养水平。三是积极探索职业培训包教学。职业培训包是依据国家职业标准,集培养目标、培训要求、课程内容、培训方法、考核评估为一体的职业培训规范。要加快开发突出职业素养和技能训练的职业培训包,规范培训教学活动,提高培训质量。四是开展企业新型学徒制试点。要适应现代企业发展要求,改革传统的以师带徒的培训方式,探索建立"招工即招生、入厂即入校、企校双师联合培养"为主要内容的企业新型学徒制度,引导企业加强青年技工培养。

2.建立和完善维护劳动者合法权益的体制机制

长期以来,劳动者维权机制缺失带来严重的社会问题。我国现行的法律法规,不能完全确保劳动者的合法权利得到保障,针对这些问题,应该采取以下措施进行维护:第一,针对劳动关系立法不完善、执法不严的问题,政府要加大对司法、立法的投入,通过法律法规的强制性作用,确保员工劳动的体面性;第二,针对企业在维护劳动者劳动权利方面的不作为问题,政府逐步建立并完善权责分明、执法公正、运作高效的劳动监察体系,加大执法监察力度;第三,建立监督和惩罚机制,对侵犯劳动者权益的行为进行严肃查处。[①] 同时要积极调解和处理集体劳动争议。完善协调劳动关系的三方机制,吸纳工商联、专家学者等方面的代表参与三方机制,增加其代表性。增强企业自主调整劳动关系和解决纠纷的能力,帮助企业建立健全劳动争议调解委员会。

3. 健全职业资格制度体系

我国职业资格认证不仅种类繁多,而且管理混乱。造成这种局面的一个重要原因是有的部门或行业组织把职业资格制度建设当作自己创收的"契机",只强调认证、培训、考试的经济效益,忽视了职业资格管理的社会意义。[②] 因此,要进一步建立健全职业资格制度体系。一是要加强国家和地方的立法,加强就业准入的管理,明确规定实行就业准入的行业求职者必须持证上岗;明确规定社会、学校和行业、企业在职业资格制度实施中各自承担的职责。二是与推进行政审批制度改革、转变政府职能紧密结合起来,理顺职业资格管理体制。深化行政事业单位改革,规范行业协会、行业组织的行为,强化政府对这些组织的行政监督管理,防止某些部门与行业组织为了集团利益违反规定滥设职业资格认定和许可,由国家统一设计和开发的全国范围的职业标准,避免"证出多门"。改革培训考核制度,实现培训、考核、监督有效分离,使我国职业资格制度建设步入健康有序的发展轨道。

---

① 袁凌、施思:《基于博弈论的企业员工体面劳动保障机制研究》,《财经理论与实践》,2011(6)。

② 肖林:《规制理论视角下的职业资格制度研究》,《中国人力资源开发》,2008(2)。

主要参考文献

一、著作类

1.马克思,恩格斯.马克思恩格斯选集(第1—4卷).北京:人民出版社,1995.

2.马克思,恩格斯.马克思恩格斯全集(第30卷)、(第31卷).北京:人民出版社,1995、1998.

3.马克思,恩格斯.马克思恩格斯全集(第42卷)、(第46卷).北京:人民出版社,1979.

4.马克思,恩格斯.马克思恩格斯全集(第3卷).北京:人民出版社,2002.

5.马克思,恩格斯.马克思恩格斯文集(第1—10卷).北京:人民出版社,2009.

6.马克思,恩格斯.德意志意识形态.北京:人民出版社,1961.

7.列宁.列宁全集(第34卷).北京:人民出版社,1985.

8.邓小平.邓小平文选(第3卷).北京:人民出版社,1993.

9.[美]康芒斯.制度经济学(上卷).于树生译.北京:商务印书馆,1962.

10.[美]赫伯特·马尔库塞著.单向度的人——发达工业社会

意识形态研究. 张峰, 吕世平译. 重庆: 重庆出版社, 1988.

11. [德]马克斯·韦伯著. 新教伦理与资本主义精神. 黄晓京, 彭强译. 成都: 四川人民出版社, 1986.

12. [法]涂尔干著. 社会分工论. 渠东译. 北京: 三联书店, 2000.

13. [美]罗尔斯著. 正义论. 何怀宏等译. 北京: 中国社会科学出版社, 1988.

14. [美]马斯洛等著、林方主编. 人的潜能和价值. 华夏出版社, 1987.

15. [德]恩斯特·卡西尔著. 人论. 甘阳译. 上海: 上海译文出版社, 1985.

16. [美]诺思著. 制度、制度变迁与经济绩效. 刘守英译. 上海: 上海三联书店, 1994.

17. [英]马林诺斯基著. 科学的文化理论. 黄建波译. 北京: 中央民族大学出版社, 1999.

18. [美]克鲁克洪等编. 文化与个人. 高佳等译. 杭州: 浙江人民出版社, 1987.

19. [美]汉密尔顿. 联邦党人文集. 程逢如译. 北京: 商务印书馆, 1980.

20. [法]涂尔干著. 职业伦理与公民道德. 渠东, 付德根译. 上海: 上海人民出版社, 2001.

21. [美]亨廷顿·哈里森. 文化的重要作用: 价值如何影响人类进步. 北京: 新华出版社, 2002.

22. [美]科斯·阿尔钦·诺斯. 财产权利与制度变迁. 刘守英译. 上海: 上海三联书店; 上海人民出版社, 2000.

23. [美]道格拉斯·诺思. 制度、制度变迁与经济绩效. 上海: 上海三联书店, 1994.

24. [德]爱因斯坦著. 爱因斯坦文集. 许良英, 范岱年编译. 北京: 商务印书馆, 1979.

25. [英]塞缪尔·斯迈尔斯著. 品德的力量. 夏芒译. 海福：海峡文艺出版社,2004.

26. [德]黑格尔. 法哲学原理. 北京：商务印书馆,1961.

27. [德]黑格尔. 美学（第1卷）. 朱光潜译. 北京：商务印书馆,1979.

28. [德]马尔库赛. 爱欲与文明. 上海：上海译文出版社,1987.

29. [德]卡尔雅斯贝斯. 时代的精神状况. 王德峰译. 上海：上海译文出版社,1997.

30. 克里夫·贝克. 学会过美好生活. 北京：中共中央党校出版社,1990.

31. [美]马斯洛. 人类价值新论. 胡万福等译. 石家庄：河北人民出版社,1988.

32. [德]柯武则等著. 制度经济学. 韩朝华译. 北京：商务印书馆,2000.

33. [美]赫舍尔著. 人是谁. 隗仁莲译. 贵阳：贵州人民出版社,1994.

34. [美]大卫·阿姆斯特朗著. 当代课程论. 陈晓端主译. 北京：中国轻工业出版社,2007.

35. [法]朗格朗. 终身教育引论. 北京：中国对外翻译出版公司,1985.

36. [美]赛弗林·坦卡特. 传播学的起源、研究与应用. 福州：福建人民出版社,1985.

37. 辞海（第6版）. 上海：上海辞书出版社,2009.

38. 杨河清. 职业生涯规. 北京：中国劳动社会保障出版社,2005.

39. 徐笑君. 职业生涯规划与管理. 成都：四川人民出版社,2008.

40. 黄尧. 职业教育学——原理与应用. 北京：高等教育出版

社,2009.

41.刘建新.马克思现代性批判视阈中的人的全面发展.北京:人民出版社,2009.

42.何光辉.有效职业伦理教育模式研究.上海:上海三联书店,2009.

43.徐斌.制度建设与人的自由全面发展.北京:人民出版社,2012.

44.吴玲,葛金国,王琪,杨志宏.职业使命与教师文化建设.合肥:安徽师范大学出版社,2014.

45.宋增伟.制度公正与人的全面发展.北京:人民出版社,2008.

46.王少安,周玉清.社会主义和谐发展文化建设.北京:人民出版社,2010.

47.宋元林等.网络文化与人的全面发展.北京:人民出版社,2009.

48.石伟.组织文化.上海:复旦大学出版社,2004.

49.劳动和社会保障部培训就业同组织编写.国家职业技能鉴定教程.北京:现代教育出版社,2009.

50.夏甄陶.人是什么.北京:商务印书馆,2000.

51.鲁洁.道德教育的当代论域.北京:人民出版社,2005.

52.刘守华.文化学通论.北京:高等教育出版社,1992.

53.衣俊卿.文化哲学十五讲.北京:北京大学出版社,2004.

54.成中英.C 理论——中国管理哲学.北京:东方出版社,2011.

55.张耀灿,郑永廷等著.现代思想政治教育学.北京:人民出版社,2006.

56.陈万柏,张耀灿.思想政治教育学原理.北京:高等教育出版社,2007.

57.陈志尚主编.人学理论与历史·人学原理卷.北京:北京出版社,2004.

58.肖群忠.道德与人性.郑州:河南人民出版社,2000.

59.陈荣耀.企业伦理.上海:华东师范大学出版社,2001.

60.廖泉文主编.人力资源发展系统.济南:山东人民出版社,2000.

61.夏明月.劳动伦理研究.北京:人民出版社,2012.

62.谢宏忠.大学生价值观导向:基于文化多样性视野的分析.北京:社会科学文献出版社,2010.

63.申来津.精神激励的权变理.武汉:武汉理工大学出版社,2003.

64.吕忠民.职业资格制度概.北京:中国人事出版社,2011.

65.孙正聿.哲学通论.沈阳:辽宁人民出版社,2003.

66.郭广殷,陈延斌等著.伦理新论——中国市场经济体制下的道德建设.北京:人民出版社,2004.

67.蔡定剑.中国就业歧视现状及反歧视对策.北京:中国社会科学出版社,2007.

68.罗云.安全经济学.北京:化学工业出版社,2004.

69.王成荣,周建波.企业文化学(第二版).北京:经济管理出版社,2007.

70.石伟平.比较职业技术教育.上海:华东师范大学出版社,2001.

二、论文类

1.李成彦.组织文化对组织效能影响的实证研究.华东师范大学博士学位论文,2005.

2.孔夏萌.高校职业生涯教育课程研究.西南大学博士学位论文,2013.

3.张莘萍.敬业精神的价值及其培育——对当代中国敬业精神的理性思考.中央党校博士学位论文,2001.

4.张冠男.当代中国国有企业文化建设问题的哲学思考.吉林大学博士学位论文,2012.

5.田巍.和谐劳动关系的政治学分析——以新产业工人为研究对象.吉林大学博士学位论文,2010.

6.顾相伟.马克思人的全面发展思想的当代价值研究.上海师范大学博士学位论文,2010.

7.张晓锋.新闻职业精神论.复旦大学博士学位论文,2008.

8.张海辉.现代化视域下的当代中国职业道德研究.华东师范大学博士学位论文,2010.

9.卢洁莹.生存论视角的职业教育价值观研究.华中师范大学博士学位论文,2008.

10.肖萍.人的全面发展视域中的社会主义主流文化建设.华中师范大学博士学位论文,2006.

11.马士斌.职业维度的生涯历程研究.华东师范大学博士学位论文,2005.

12.彭立春.社会主义核心价值体系融入大学生职业生涯教育研究.中南大学博士学位论文,2012.

13.万恒.社会分层视野中职业教育价值的再审视.华东师范大学研究生博士学位论文,2009.

14.陈军.大学生职业生涯教育研究.东北师范大学硕士学位论文,2006.

15.董显辉.职业文化的内涵解读.职教通讯,2011(15).

16.汪文首.高校校园职业文化特征分.湖南社会科学,2010(6).

17.唐骏,唐博.论职业文化的构建.企业家天地,2009(10).

18.袁华音.社会意识和社会问题,上海大学学报,1995(6).

19.艾军,王晓冬.社会规范系统下的跨文化交际模式构建.黑龙江高教研究,2010(1).

20.潘守永.物质文化研究:基本概念与研究方法.中国历史博物馆馆刊,2000(2).

21.樊耘.组织文化的构成及其内涵.湖南工程学院学报,2003(3).

22.郭湛.文化:人为的程序和为人的取向.中国人民大学学报,2005(4).

23.何中华.认作为哲学概念的价值.哲学研究,1993(9).

24.关怀.六十年来我国劳动法的发展与展望.法学杂志,2009(12).

25.李红卫.国内学者职业资格证书制度研究综述.教育与职业,2012(6).

26.陈军,钟新.对高校职业生涯教育问题的再思考.现代教育科学,2009(1).

27.吕忠.职业资格制度的研究及对策.中国考试,2008(3).

28.沈楚.我国现代职业文化研究现状与展望.职教通讯,2013(25).

29.谢冰.我国专门人才评价与职业准入问题研究评.湖北社会科学,2004(8).

30.张宏.论国家职业资格证书教育制度完善.教育与职业,2007(21).

31.张时飞,唐钧.中国就业歧视:基本判断.江苏社会科学,2010(2).

32.汪栋,董月娟.博士生就业市场"第一学历歧视"问题研究.中国青年研究,2014(5).

33.荀关玉,白妍.劳动收入在国民收入分配中合理比例判断的实证研究.商业时代,2010(31).

34.沈楚.文化自觉视野中的高职文化建构.江苏高教,2013(2).

35.王瑛.国外职业道德教育的经验及启示.黑龙江高教研究,2009(12).

36.张军.马克思人的发展三形态论析.社会科学辑刊,2002(1).

37. 胡红生,张军. 从马克思人的发展三形态理论看人的存在方式的历史变革. 学术界,2003(2).

38. 聂立清,郑永廷. 人的本质及其现代发展——对马克思人的本质思想的再认识. 现代哲学,2007(2).

39. 张本林. 马克思研究人的本质的三个视角及其逻辑关系. 江汉论坛,2010(4).

40. 李德方. 促进人的全面发展——职业教育功能研究. 职教论坛,2012(4).

41. 万光侠. 现实的个人与马克思人学观. 山东社会科学,2009(6).

42. 吴向东. 论马克思人的全面发展理论. 马克思主义研究,2005(1).

43. 王文兵,王维国. 论中国现代职业文化建设. 中共长春市委党校学报,2004(4).

44. 郑永廷. 论精神文化的发展趋向与方式——兼谈精神生活的丰富与提高. 思想教育研究,2009(8).

45. 宋文生. 哲学视野的文化评价标准及其意义. 湖北社会科,2014(5).

46. 苗伟. 文化优化:内涵与实质. 武汉理工大学学报(社会科学版),2011(3).

47. 金庆良. 大学制度文化建设中的取向. 教育评论,2009(1).

48. 李海滨,陆卫平. 社会主义核心价值观对职业价值观的塑造. 人民论坛,2014(4).

49. 蒋晓雷. 现代职业精神的培育. 中国职业技术教育,2009(8).

50. 任者春,敬业. 从道德规范到精神信仰. 山东师范大学学报(人文社会科学版),2009(5).

51. 邱吉. 培育职业精神的哲学思考——从职业规范的视角看职业伦理. 中国人民大学学报,2012(2).

52. 张育民. 市场经济条件下职业诚信的失范与重塑. 特区经

济,2010(7).

53.李敏智.从职业文化谈就业教育学科化.广西中医学院学报,2008(3).

54.吴碧林,眭鸿明.行业协会的功能及其法治价值.江海学刊,2007(6).

55.袁凌,施思.基于博弈论的企业员工体面劳动保障机制研究.财经理论与实践,2011(6).

56.肖林.规制理论视角下的职业资格制度研究.中国人力资源开发,2008(2).

263

索　引

后　记

　　在现代社会,职业的选择和追求几乎渗透到每个人的生活领域,人的发展往往通过职业发展来体现和实现。然而,在现代社会文化体系的建设中,职业文化建设还未得到应有的重视,审视职业文化的现象与本质,研究职业文化建设与人的发展问题,有其特殊的理论和实际价值。

　　本书是教育部人文社会科学研究规划基金项目——"现代职业文化构建与人的全面发展研究"(11YJA 710062)的研究成果,项目的研究和成果的出版得到了基金项目的资助。

　　本书由课题主持人杨柳教授具体负责写作大纲的提出,并撰写导论、第一章、第二章;沈楚副教授撰写第三、四、五、六章,并对全书进行修改和统稿定稿。

　　在本书撰写过程中,参考了国内外同行专家、学者的有关著作,吸收了许多有益的研究成果;湖州职业技术学院金雁教授为本课题的研究提供了热情的帮助;浙江大学出版社葛娟编辑为本书的出版付出了大量的心血。在书稿即将付梓之际,一并表示真诚的感谢!

　　由于我们的研究水平有限,书中难免有疏漏与不足,敬请各位专家、学者和广大读者批评指正。

2014 年 10 月